10대를 위한 종의 기원

ON THE ORIGIN OF SPECIES

10대를 위한
종의 기원

찰스 로버트 다윈 원작   레베카 스테포프 다시 씀

티건 화이트 그림   이충호 옮김

두레

차례

다윈의 위대한 발견

"불쌍한 사람, 그는 가만히 서서 한 번에 몇 분씩이고 노란 꽃을 멍하니 바라보기만 하지요. 차라리 다른 일을 하는 게 훨씬 나을 텐데요." 정원사는 이렇게 말했다.

정원사가 말한 사람은 바로 자신을 고용한 영국인 신사 찰스 다윈Charles Darwin이었다. 그러나 정원사가 모르는 사실이 있었다. 다윈은 자연을 바라보면서 시간을 허비한 게 아니라, 아주 굉장한 일을 하고 있었다. 과학에 혁명을 일으킬 계획을 세우고 있었던 것이다.

그 혁명은 『종의 기원On the Origin of Species』이 출판된 1859년에 시작되었다. 초판은 며칠 만에 다 팔렸다. 이 책은 과학계뿐만 아니라 다른 분야들에서도 큰 논란을 불러일으켰고, 결국에는 살아 있는 모든 생명에 대한 우리의 생각을 바꾸었다.

2015년, 영국의 서적상, 사서, 출판인, 학자로 짜인 전문가 집단은 지금까지 출판된 학술 서적 중에서 가장 중요한 책 20권을 선정했다. 그리고 일반 사람들을 대상으로 그중에서 세상에 가장 큰 영향을 미친 책이 무엇이라고 생각하느냐고 물었다. 그 결과, 1위는 다윈의 『종의 기원』이 차지했다.

1830년대 후반에 그린 찰스 다윈의 초상화.

딱정벌레와 비글호와 따개비

찰스 다윈은 1809년에 영국 슈루즈베리에서 태어났다. 소년 시절에는 학업 성적이 그다지 뛰어나지 않았다. 이 때문에 화가 난 아버지는 다윈에게 "너 자신뿐만 아니라 가족 전체에 수치"가 될 것이라고 말한 적도 있었다. 다윈은 아버지처럼 의사가 되려고 스코틀랜드의 의과대학에 진학했으나 의학 수업에 흥미를 느끼지 못했다. 게다가 외과 수술 장면을 보고서 기겁했다. 그도 그럴 것이 마취제가 없이 무자비하게 팔다리를 절단했고, 환자는 공포와 고통을 못 이기고 비명을 질러 댔기 때문이다. 그래서 1828년에 다윈은 케임브리지 대학의 크라이스트 칼리지로 옮겨가 성직자가 되기 위한 공부를 했다.

그전부터 다윈은 박물학에 관심이 많았다. 다윈 시대에 박물학은 암석과 화석, 기상, 지리학, 그리고 모든 생물 과학을 포함해 자연계 전체를 연구하는 분야였다. 박물학을 연구하는 사람을 박물학자라고 불렀다. 박물학자 중에는 학교에서 교수나 강사로 일하거나 박물관에서 일하는 사람도 있었다. 그러나 많은 사람은 다른 일을 하면서 틈틈이 박물학 연구를 했다. 따라서 성직자(의과대학을 그만둔 뒤 다윈이 선택하려고 했던 직업)도 박물학자가 될 수 있었다.

다윈이 가장 좋아한 분야는 지질학과 생물학이었다. 다윈은 딱정벌레를 열정적으로 채집했다. 그가 채집한 표본 중 하나가 새로운 종으로 드러나 과학 학술지에서 그 종을 발견한 사람으로 인정받기도 했다.

대학에서 다윈은 박물학에 관심이 많은 학생들과 교수들을 만났다. 특히 다윈은 장래가 촉망되는 박물학자로 주목을 받았다. 1831년에 대학을 졸업한 뒤, 다윈은 오랜 기간 세계 일주 항해에 나서는 영국 해군 함정 '비글호'에 박물학자 자격으로 승선할 기회를 얻었다. 그가 배에서 해야 할 일은 비공식적인 것으로, 박물학자의 일을 하면서 함장의 말동무가 되어 주는 것이었다.

항해는 약 5년 동안 계속되었다. 비글호는 주로 남아메리카 해안을 따라 항해하면서 많은 시간을 보냈으나, 타히티섬과 뉴질랜드, 남아프리카도 방

H.M.S. BEAGLE IN STRAITS OF MAGELLAN. MT. SARMIENTO IN THE DISTANCE. *Frontispiece.*

남아메리카 남단의 마젤란 해협을 지나가는 비글호를 묘사한 그림. 비글호 항해가 끝나고 나서 한참 뒤인 1890년에 인쇄물로 출판되었다. 다윈과 함께 비글호를 탔던 사람이 그린 그림을 바탕으로 다시 그린 것이다.

문했다. 다윈은 기회가 닿는 대로 열대우림과 사막, 초원, 산호초 등의 환경에서 살아가는 곤충과 식물과 동물을 조사하고 채집했다.

비글호는 남아메리카 서쪽에 있는 갈라파고스 제도에서 한 달을 보냈다. 이곳에서 다윈은 작은 화산섬들에 흩어져 살아가는 변종들에 경이로움을 느꼈고, 다양한 표본을 채집했다. 훗날 다윈이 내놓은 혁명적인 이론은 비글호 항해 동안에 관찰한 내용이 그 바탕이 되었다. 갈라파고스 제도에서 채집한 중요한 조류 표본도 그중에 포함되어 있었다.

다윈은 비글호 항해에서 돌아온 뒤로 다시는 위험한 여행에 나서지 않았다. 성직자의 길도 걷지 않았다. 물려받은 재산과 현명한 투자 덕분에 굳이 일을 하지 않아도 먹고사는 데 지장이 없었다. 비글호 항해를 마친 다윈은 박물학 연구에 전념했다. 항해를 하는 동안 다윈은 다른 박물학자들과 편지를 주고받으면서 자신의 이름을 학계에 알렸다. 영국으로 돌

영국 앞바다에 있는 룬디섬 해안가
에 붙어 있는 따개비들.

아온 뒤에는 비글호를 타고 항해하면서 경험한 일을 책으로 썼다. 또, 항해하는 동안 조사하고 연구한 동물학에 관한 책을 다섯 권 편집했고, 지질학에 관한 책을 세 권 썼다.

이 무렵에 다윈은 사촌 에마 웨지우드Emma Wedgwood와 결혼했다. 두 사람은 다운하우스라는 시골로 옮겨가 살았는데, 다윈은 나머지 인생을 이곳에서 보냈다. 그리고 1846년부터 1854년까지 자신이 정한 연구 계획을 열심히 실천에 옮겼다. 생물학 지식을 더 깊이 쌓고, 훌륭한 과학자로 인정받는 것이 목표였다.

생물학자가 되려면 특정 생물 집단에 대해 해박한 지식을 가진 전문가가 되어야 했다. 다원은 따개비를 선택했다. 따개비는 게와 바닷가재의 친척으로, 돌이나 배 또는 다른 동물의 몸에 들러붙어 살아가는 동물이다. 몇 년 동안 다윈의 집 일부는 껍데기가 딱딱한 따개비 표본들로 가득 찼다. 자녀들도 어릴 때부터 따개비에 매우 익숙했다. 한 친구가 "너희 아빠는 따개비를 어디다 보관하니?"라고 물은 적도 있었다. 1851년부터 1854년까지 다윈은 살아 있는 따개비와 따개비 화석에 관한 책을 네 권 출판했다. 이것은 즉각 따개비에 관한 한 세상에서 가장 훌륭한 연구로 인정받았다. 오늘날에도 따개비를 연구하는 사람들은 이 책들을 참고한다.

그러나 다윈은 결혼하고 따개비 연구를 하기 전부터 은밀히 다른 개념을 연구하고 있었다. 비글호 항해를 하는 동안 생각하기 시작한 개념이었다. 결국 이 개념 덕분에 다윈은 역사상 가장 유명하고 큰 논란을 불러일으킨 박물학자가 되었다. 그는 그것을 '종 문제'라고 불렀다.

종은 개체들이 교배를 통해 생식 능력이 있는 자손을 낳을 수 있는 생물 집단을 말한다. 다윈이 정의한 '종'과 오늘날 과학자들이 사용하는 이 용어에 대한 자세한 설명은 1장을 참고하라.

거대한 개념

다윈의 거대한 개념은 종species이 긴 시간에 걸쳐 어떻게 변하느냐 하는 질문의 답을 찾는 것이었다. 물론 다윈이 이 개념을 최초로 탐구한 박물학자는 아니었다. 그 당시뿐만 아니라 심지어 그 이전에도 '종의 변형'(변형은 '형태 변화'를 뜻한다) 개념을 생각한 사람들이 있었다. 사실, 다윈의 할아버지인 이래즈머스 다윈Erasmus Darwin도 이 주제에 관한 연구를 몇 가지 발표했다.

그러나 종이 변형할 수 있다는 개념, 즉 영구적으로 종류가 변할 수 있다는 개념은 많은 과학자를 포함해 그 당시 사람들이 받아들이기가 어려웠다.

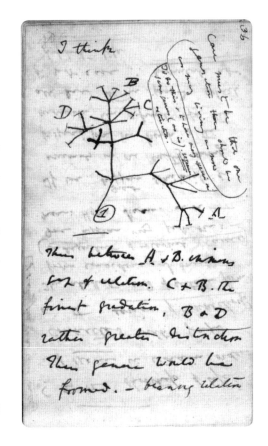

다윈이 1837~1838년에 기록한 공책. 다윈이 '생명의 나무'를 최초로 그리려고 시도한 스케치가 들어 있다.

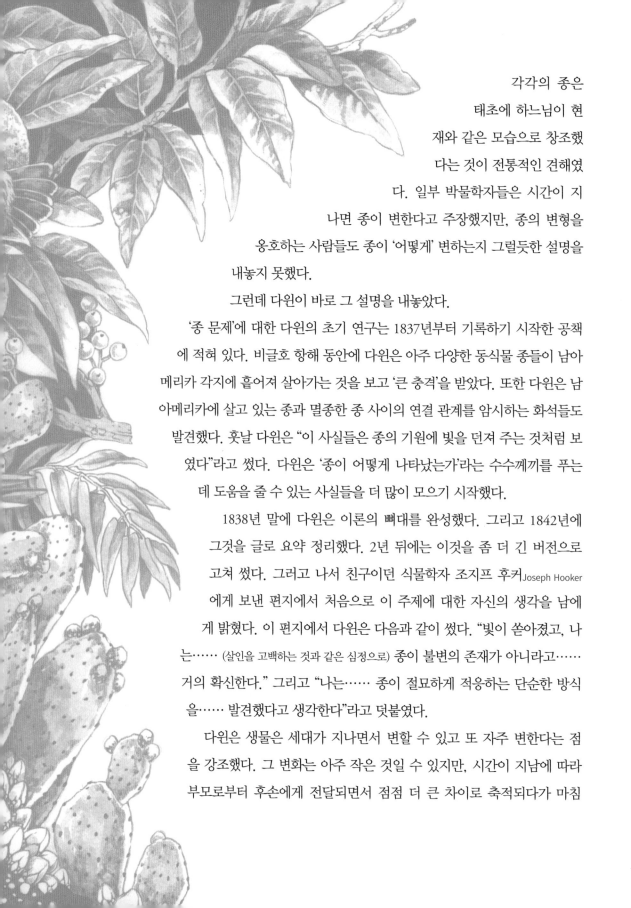

각각의 종은
태초에 하느님이 현
재와 같은 모습으로 창조했
다는 것이 전통적인 견해였
다. 일부 박물학자들은 시간이 지
나면 종이 변한다고 주장했지만, 종의 변형을
옹호하는 사람들도 종이 '어떻게' 변하는지 그럴듯한 설명을
내놓지 못했다.

그런데 다윈이 바로 그 설명을 내놓았다.

'종 문제'에 대한 다윈의 초기 연구는 1837년부터 기록하기 시작한 공책
에 적혀 있다. 비글호 항해 동안에 다윈은 아주 다양한 동식물 종들이 남아
메리카 각지에 흩어져 살아가는 것을 보고 '큰 충격'을 받았다. 또한 다윈은 남
아메리카에 살고 있는 종과 멸종한 종 사이의 연결 관계를 암시하는 화석들도
발견했다. 훗날 다윈은 "이 사실들은 종의 기원에 빛을 던져 주는 것처럼 보
였다"라고 썼다. 다윈은 '종이 어떻게 나타났는가'라는 수수께끼를 푸는
데 도움을 줄 수 있는 사실들을 더 많이 모으기 시작했다.

1838년 말에 다윈은 이론의 뼈대를 완성했다. 그리고 1842년에
그것을 글로 요약 정리했다. 2년 뒤에는 이것을 좀 더 긴 버전으로
고쳐 썼다. 그러고 나서 친구이던 식물학자 조지프 후커 Joseph Hooker
에게 보낸 편지에서 처음으로 이 주제에 대한 자신의 생각을 남에
게 밝혔다. 이 편지에서 다윈은 다음과 같이 썼다. "빛이 쏟아졌고, 나
는…… (살인을 고백하는 것과 같은 심정으로) 종이 불변의 존재가 아니라고……
거의 확신한다." 그리고 "나는…… 종이 절묘하게 적응하는 단순한 방식
을…… 발견했다고 생각한다"라고 덧붙였다.

다윈은 생물은 세대가 지나면서 변할 수 있고 또 자주 변한다는 점
을 강조했다. 그 변화는 아주 작은 것일 수 있지만, 시간이 지남에 따라
부모로부터 후손에게 전달되면서 점점 더 큰 차이로 축적되다가 마침

내 새로운 종이 나타나게 된다. 다윈은 이러한 변화 패턴을 '변화를 동반한 대물림descent with modification'이라고 불렀다. 다르게 표현한다면, '진화'라고 부를 수 있다.

다윈의 이론에서 핵심은 그런 변화가 '어떻게' 일어나는지 밝힌 설명이었다. 다윈은 '자연 선택'이라는 과정을 통해 그런 일이 일어난다고 생각했다. 이 개념을 뒷받침하는 정보를 수집하느라 20년을 보냈고, 이 모든 결과를 집대성한 것이 『종의 기원』이었다.

다윈이 알았던 것과 몰랐던 것

다윈은 '종 문제'에서 신기원을 열었지만, 그 연구는 그 당시의 과학 지식에 의존할 수밖에 없었다. 다윈은 새로 발견된 과학 지식에 도움을 받았지만, 그 당시에 알려지지 않은 지식은 알 길이 없어 완전한 연구를 하는 데 한계가 있었다.

다윈이 자신의 이론을 연구하기 시작했을 때, 과학자들을 포함해 다른 많은 사람들은 '심원한 시간deep time'이라는 개념을 받아들였다. 오늘날에는 이것을 흔히 '지질학적 시간'이라고 부른다. 이 개념은 18세기에 제임스 허턴James Hutton이라는 스코틀랜드 지질학자가 처음

다윈 시대의 과학자들은 트리케라톱스처럼 멸종한 동물의 화석에 큰 호기심을 느꼈다. 이 트리케라톱스 골격은 로스앤젤레스 카운티의 자연사박물관에 전시돼 있다.

이 책의 서술 방식과 구성

이 책은 1859년에 출간된 『종의 기원(On the Origin of Species)』 초판본을 기준으로 삼았다. 그러면서 여러 가지 방식으로 내용을 고쳐 쓰거나 표현을 바꾸어 다시 썼다.

첫째, 『종의 기원』 원본에 나오는 내용을 짧게 요약했다. 『종의 기원』 원본은 이 책에서 소개한 각 장의 내용보다 세 배 이상 길다. 시대에 맞지 않는 일부 내용은 아예 덜어 내기도 했다. 예를 들면, 5장에서 다윈은 유전을 다루었으나 이 책에서는 아예 뺐다. 주요 개념은 옳지만, 일부 내용은 지금은 틀린 것으로 밝혀졌기 때문이다.

게다가 『종의 기원』 전체에서 다윈은 자신의 이론을 뒷받침하기 위해 수많은 증거를 제시했는데, 사람들이 자신의 이론을 쉽사리 받아들이지 못하리라고 생각해서였다. 그러나 이 책에서는 지면을 아끼기 위해 원본에 실린 사례가 10개라면 한두 개만 소개하고 넘어간 경우가 많다. 또, 독자들이 쉽게 읽을 수 있도록 하기 위해 모든 장에서 일부 내용을 빼거나 짧게 줄였다. 예컨대, 11장은 다윈이 두 장에 걸쳐 길게 쓴 내용을 짧게 축약했다. 이렇게 고쳐 쓴 목적은 다윈이 주장한 내용의 핵심을 보존하는 동시에 어렵고 복잡한 내용을 간략하고 쉽게 소개하기 위해서이다.

ON

THE ORIGIN OF SPECIES

BY MEANS OF NATURAL SELECTION,

OR THE

PRESERVATION OF FAVOURED RACES IN THE STRUGGLE
FOR LIFE.

By CHARLES DARWIN, M.A.,

FELLOW OF THE ROYAL, GEOLOGICAL, LINNÆAN, ETC., SOCIETIES;
AUTHOR OF 'JOURNAL OF RESEARCHES DURING H. M. S. BEAGLE'S VOYAGE
ROUND THE WORLD.'

LONDON:
JOHN MURRAY, ALBEMARLE STREET.
1859.

The right of Translation is reserved.

둘째, 많은 곳에서 다윈이 쓴 원래 표현을 되도록 간단하게 바꾸었다. 긴 문장과 절은 잘라서 짧은 문장으로 바꾸었다. 독자에게 생소한 용어는 친숙한 용어로 바꾸었다(이 책 뒤쪽에 용어 설명을 추가했으니 참고하기 바란다). 그래도 다윈이 원래 쓴 표현(특히 그 아름다움과 열정 때문에 유명해진 많은 구절)을 최대한 그대로 살리려고 노력했다.

셋째, 일부 장의 제목과 중간 제목은 새로 달았고, 용어를 설명하고 독자에게 도움을 주기 위해 본문 옆에 가끔 짧은 주석도 달았다. 또, 이것과 같은 짧은 상자 글도 보게 될 것이다. 이러한 주석과 짧은 상자 글은 『종의 기원』 원본에는 없으나, 특별히 이 책을 위해 추가했다. 이 책에 실린 사진과 그림처럼 이러한 글들은 다윈 시대의 과학을 오늘날의 시점에 맞춰 소개하고, 다윈이 몰랐던 지식의 공백을 메우고, 진화 연구 자체가 다윈 시대 이후에 어떻게 진화했는지 보여 주는 데 도움을 준다.

주장했는데, 지구의 역사는 그 지질학적 특징으로 알 수 있으며, 엄청나게 아주 오래되었다고(이전에 생각했던 것보다 훨씬 더 오래되었다고) 주장했다.

영국의 유명한 지질학자 찰스 라이엘Charles Lyell은 지질학적 시간 개념을 더 발전시켰다. 라이엘은 지구의 나이가 3억 년 이상이라고 계산했는데, 다윈도 『종의 기원』에서 이 주장을 되풀이했다. 이렇게 오랜 과거는 다윈의 이론에 필수적이었는데, 자연 선택에 의한 진화는 아주 오랜 시간에 걸쳐 일어난다고 주장했기 때문이다. 그러나 라이엘도 다윈도 지질학적 시간이 정확하게 얼마인지는 알지 못했다. 오늘날 과학자들은 지구의 나이를 약 45억 4000만 년으로 추정한다.

먼 옛날부터 사람들은 가끔 발견되는 기묘한 형태의 암석을 의아하게 생각했다. 바다에서 멀리 떨어진 산꼭대기에서 발견되는 조개껍데기 모양의 암석은 특히 수수께끼처럼 보였다. 개중에는 살아 있는 생물과 전혀 닮지 않은 형태도 있었다. 다윈의 시대에 와서는 이 기묘한 암석이 먼 옛날에 살았던 동식물의 유해가 돌로 변한 화석이라는 사실이 대부분의 과학자들 사이에 알려져 있었다.

1820년대부터 공룡 화석은 먼 과거를 들여다보는 창을 열었다. 먼 과거에는 오늘날의 생물과는 아주 다른 생물들이 지구에서 살아갔다. 박물학자들은 이 기묘한 생물들이 멸종했다는 데 의견을 같이했지만, 왜 멸종했는지는 설명하지 못했다. 종이 '멸종할 수' 있다는 개념(오직 화석을 통해서만 알 수 있는)은 다윈의 이론에서 일부를 차지한다. 다윈은 기존의 종에서 새로운 종이 나타나 기존의 종을 대체한다고 주장했다. 그러나 그 당시 과학자들은 매우 짧은 지질학적 시간에 전체 종 중 상당 비율이 멸종한 대멸종 사건이 과거에 여러 차례 일어났다는 사실을 전혀 몰랐다.

다윈이 몰랐던 또 한 가지 중요한 사실은 형질이 부모로부터 자손에게 전달되는 방법이었다. 『종의 기원』에서도 유전의 메커니즘은 수수께끼라고 인정했다. 그러나 형질이 한 세대에서 다음 세대로 '전달된다'는 것은 명백했고, 이 사실은 다윈의 이론을 떠받치는 하나의 기반이 되었다. 다윈의 이론은 유전의 메커니즘을 밝히는 훗날의 발견(DNA, 유전자, 염색체)을 통해 옳다는 것이 입증되었다.

다윈의 이론은 시간이 지남에 따라 생명의 종류가 어떻게 변하는지를 다루었다. 다윈은 생명 자체가 어떻게 출현했는지에 대해서는 아무 말도 하지 않았다. 이것은 오늘날의 과학자들도 여전히 답을 찾으려고 애쓰는 질문이다.

다윈의 어려운 문제들

종이 영구적으로 변할 수 있다는 주장을 하면서 다윈은 왜 "살인을 고백하는 것과 같은" 느낌이 들었을까? 다윈은 왜 자신의 이론을 오랫동안 발표하지 않고 기다렸을까?

한 가지 이유로는 1844년에 출간된 『창조의 자연사 흔적Vestiges of the Natural History of Creation』에 일반 대중과 많은 과학자가 보인 적대적 반응을 들 수 있다. 저자인 로버트 체임버스Robert Chambers는 종은 어떤 종류의 자연적 과정을 통해 진화한 게 틀림없으며, 신이 창조한 결과가 아니라고 주장했다. 다윈은 점잖고 수줍음을 많이 타는 성격이었다. 자신의 연구가 틀림없이 불러올 비판이나 분노의 폭풍에 휘말리기가 싫었다.

또 한 가지 이유는 풍부한 증거로 자신의 이론을 뒷받침하길 원한 데 있었다. 그래서 질문이나 비판을 잠재울 답을 준비하기 위해 그러한 증거를 모으고 자기 이론의 모든 부분을 검증하느라 오랜 세월을 보냈다. 그동안에 큰 인내심을 갖고 한 따개비 연구는 다윈의 과학적 명성을 높였을 뿐만 아니라, 진화론을 뒷받침하는 데 큰 도움이 되었다.

다윈은 또한 질병으로 고생하거나 장기간 탈진 상태에 빠지는 일이 잦아 제대로 일을 하지 못했다. 1848년에는 아버지가, 1851년에는 사랑하는 딸 애니가 죽는 바람에 오랫동안 슬픔에 빠져 연구에 진전이 없었다. 그러나 1856년에 마침내 식물학자 조지프 후커와 지질학자 찰스 라이엘의 강력한 권고에 힘을 얻어 자신이 '영속적인 종에 관한 책Everlasting species-Book'이라 부른 책을 쓰기 시작했다.

2년 뒤 책을 절반 넘게 썼을 때, 충격적인 사건이 일어났다. 앨프리드 러셀 월리스Alfred Russel Wallace라는 영국 박물학자가 인도네시아의 어느 섬에서 다윈에게 편지를 보냈다. 월리스는 다윈에게 새로운 종이 어떻게 나타나는지를 다룬 자신의 논문을 읽고 평을 해 달라고 했다. 그 논문을 읽은 다윈은 자신이 그렇게 오랫동안 연구하고 준비해 온 자연 선택 이론과 거의 동일한 이론을 월리스가 발견했다는 사실을 깨달았다.

다윈은 월리스를 공정하게 대하려고 했지만, 그 개념을 먼저 발견한 사람은 자신이라고 생각했다. 고민 끝에 라이엘에게 조언을 구했고, 라이엘은 후커와 함께 의논 끝에 과학자들

박물학자 앨프리드 러셀 월리스(이 사진은 1895년에 찍음)는 종의 기원에 대해 다윈과 똑같은 이론을 생각했다.

의 모임에서 다윈이 1844년에 쓴 요약 논문 일부와 월리스의 논문을 함께 발표하기로 결정했다. 그 결과, 두 사람 다 그 이론을 발견한 공로를 인정받았지만, 다윈이 그것을 먼저 생각했다는 사실을 사람들에게 분명하게 알렸다.

그때와 지금의 『종의 기원』

일단 자신의 이론이 공개되자, 다윈은 쓰고 있던 책을 원래 계획했던 것보다 줄여서 부랴 부랴 완성한 뒤 『종의 기원』이라는 제목으로 출판했다. 그리고 염려했던 대로 1859년에 책이 출판되자 큰 논란이 벌어졌다. 일부 과학자들은 다윈의 이론을 지지했지만, 또 다른 사람들은 반대했다. 많은 신자와 성직자는 신의 법이 아니라 자연법칙이 생명을 지배한다는 주장에 경악했다. 그러나 일부 성직자는 공개적으로 다윈을 지지하면서 진화가 하느님을 부정하는 것은 아니라고 지적했다. 미국의 설교자 헨리 워드 비처Henry Ward Beecher는 "나는 진화를 신의 창조 방법을 발견한 것이라고 생각한다"라고 썼다. 『종의 기원』을 둘러싼 논란은 다윈이 1882년에 죽을 때까지도 가라앉지 않았다. 그러나 그 무렵에는 많은 과학자들이 다윈의 진화론을 받아들였다. 자연 선택이 진화의 메커니즘으로 받아들여지기까지는 더 오랜 시간이 걸렸지만, 그것을 뒷받침하는 증거는 계속 쌓였다. 오늘날 자연 선택에 의한 진화는 생물학의 기초 지식 중 하나로 자리 잡았다.

다윈은 『종의 기원』은 종이 개별적으로 창조된 것이 아니라 다른 종으로부터 유래했다는 이론을 뒷받침하는 "하나의 긴 논증"이라고 말했다. 이 책은 전체적으로 아주 세심하게 만든 과학적 사고 모형을 보여 준다. 『종의 기원』은 어떤 질문에 답하기 위해 노력하는 과학자를 보여 준다. 과학자는 먼저 질문에 답하는 데 도움이 되는 연구 자료를 모은다. 그러고 나서 가설(사실들을 설명하는 것처럼 보이는 답)을 만든다. 다음 단계는 가설을 검증하는 것인데, 검증 방법은 실험을 하는 방법이 있고, 가설을 지지하거나 부정하는 증거를 찾는 방법이 있다. 다윈은 두 가지 방법을 다 사용했다. 마지막으로, 과학자는 그 결과들을 분석하면서 그것이 가설을 지지하는지 부정하는지 살펴본다.

변종variety은 같은 종 내에서 변이가 생겨서 성질과 형태가 달라진 종류를 말한다. 이어지는 장들에서 다윈이 이 용어와 이와 관련 있는 '아종subspecies'이라는 용어를 어떻게 사용하는지 보게 될 것이다.

다윈이 답을 찾으려고 한 질문은 "종은 어떻게 생겨나는가?"였다. 『종의 기원』은 그 답을 찾는 단계들을 보여 준다. 먼저, 잘 알려진 사실, 즉 식물이나 동물 품종을 개량하는 사람들이 새로운 특징이나 습성을 가진 변종을 만들 수 있다는 사실을 이야기하면서 시작한다. 다윈이 살던 시대에는 이 사실이 많은 이들에게 일상생활의 일부나 마찬가지였다. 식물과 가축을 기르면서 살아가는 사

다윈의 개념은 단지 비판을 받는 데 그치지 않고, 1871년에 잡지 ≪호넷Hornet≫에 실린 이 만화처럼 조롱거리가 되기까지 했다. 다윈은 친구에게 보낸 편지에서 "나는 이 모든 것을 마음속에 담아 두고 있다네. 자네는 ≪호넷≫에 실린 나를 보았는가?"라고 썼다.

람들이 많았기 때문이다. 동식물 품종을 개량하는 사람들이 만들어 내는 변화가 다윈의 논증에서 첫 번째 단계이다. 그리고 나서 다윈은 생명이 나타난 이래 같은 일이 훨씬 더 큰 규모와 더 긴 시간에 걸쳐 자연에서 일어났다고 말한다.

　　다윈의 웅대한 이론은 비둘기와 장미처럼 일상적인 생물을 자세히 관찰하는 1장부터 활짝 꽃을 피운다.

레베카 스테포프

1장
기형 식물과 푸른 비둘기

우리가 오래전부터 가축이나 작물로 길들여 키워 온 동식물을 살펴보면, 같은 종 안에서도 개체에 따라 차이가 크다는 것을 발견할 수 있다. 이렇게 길들인 동식물 종 내에서 나타나는 개체들 사이의 차이는 야생종 내에서 나타나는 개체들 사이의 차이보다 더 크다. 가축이나 작물 종은 변종도 더 많다. 비둘기, 개, 옥수수, 장미나무 같은 품종이 얼마나 많은지 생각해 보라.

사람들이 동물을 길들이고 식물을 재배하기 시작하면서부터 이 종들로부터 많은 변종이 만들어졌다. 그 이유는 사람들이 이 종들을 아주 다양한 조건에서, 그것도 자연 조건과 다른 조건에서 기르기 때문이다. 그러나 그러한 변이가 두드러지게 나타나려면, 그 종이 새로운 조건에서 여러 세대를 살아야 한다.

일단 변이가 일어나기 시작하면, 새로운 형질이 많은 세대 동안 계속 나타난다. 밀처럼 아주 오래된 작

가축이나 작물은 사람이 야생종을 길들이거나 재배하여 개량한 종이다. 이 종들은 야생에서 살거나 자연 상태로 살아가지 않고, 사람이 먹이를 주면서 기르거나 논밭에서 재배한다.

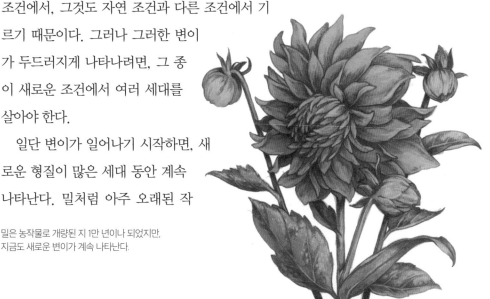

밀은 농작물로 개량된 지 1만 년이나 되었지만, 지금도 새로운 변이가 계속 나타난다.

물은 지금도 새로운 변종이 자주 생긴다. 염소와 양처럼 아주 오래된 가축 역시 지금도 새로운 변종을 만들 수 있다. 나는 변이는 대부분 부모의 생식 요소가 어떤 방식으로 변해 자손에게 변화가 일어나게 할 때 나타난다고 생각한다.

새롭고 아주 다른 식물

정원사들은 '기형 식물sporting plant' 이야기를 종종 한다. 이것은 같은 종의 나머지 식물과는 아주 다른 모습으로 나타난 식물을 뜻한다. 정원사들은 이 '기형 식물'로부터 새로운 식물을 번식시킴으로써 변종을 퍼뜨릴 수 있다. 기형 식물은 자연에서는 아주 드물게 나타나지만, 사람이 재배하는 식물에서는 아주 자주 나타난다.

기형 식물은 일종의 변이이다. 동물과 식물 후손에서는 또 다른 종류의 변이가 나타나는 걸 볼 수 있다. 같은 열매에서 자란 묘목들 사이에서도 가끔 큰 차이가 나타난다. 한 배에서 태어난 새끼들에게도 이런 일이 일어난다. 심지어 어린 식물이나 동물이 부모와 똑같은 조건에서 살아갈 때에도 이런 일이 일어난다.

한 가지 특징에 일어난 변화가 그와 무관한 다른 특징의 변화와 함께 나타날 때가 많다. 예를 들면, 눈이 파란 고양이는 청각장애인 경우가 많다. 흰 양과 돼지는 색이 다른 양과 돼지와 특정 식물 독소에 반응하는 방식에서 차이가 난다. 발이 깃털로 덮인 비둘기는 다른 비둘기와 달리 바깥쪽 발가락들 사이에 막이 있다. 또, 부리가 짧은 비둘기는 발이 작은 반면, 부리가 긴 비둘기는 발이 크다. 따라서 품종 개량가가 어떤 특징을 강화하는 방향으로 개체들을 계속 변화시켜 간다면, 분명히 다른 변화들도 함께 나타날 것이다.

대물림되는 형질은 생물의 겉모습이나 내부 구조 또는 행동 방식과 관계가 있다. 이것들의 변이는 수없이 많다. 그중에는 사소한 것도 있지만 중요한 것

다윈은 '변이'라는 단어를 그 종의 표준이나 정형에서 벗어나는 차이를 가리키는 뜻으로 사용했다. 다윈 시대의 과학자들은 동식물에서 변이가 왜 그리고 어떻게 나타나는지 알지 못했다. 다윈은 이 장 뒷부분과 나머지 몇 장에서 이 수수께끼를 다시 다룬다. 오늘날의 과학적 설명은 5장의 '잃어버린 조각'을 참고하라.

대물림되는 '형질'(다윈은 '특징feature'이라는 용어를 사용함)은 부모로부터 자손에게 전달된다. 바꿔 말하면, 그러한 특징들이 부모로부터 자식에게 대물림된다.

도 있다. 그러나 이러한 변이 중 일부가 부모에게서 자손에게 전달된다는 사실을 의심하는 품종 개량가는 아무도 없다. 품종 개량가는 "콩 심은 데 콩 난다"라는 격언을 믿는다. 즉, 자식은 부모를 닮는다.

동물이나 식물의 구조는 그 내부와 외부의 형태를 말한다. 즉, 겉모습뿐만 아니라 내부의 조직 방식까지 아울러 이르는 말이다.

　　같은 가족 가운데 여러 사람에게서 백색증이나 다모증이 나타나는 사례는 누구나 들어 보았을 것이다. 이것은 이러한 특징이 대물림된다는 것을 뜻한다. 기묘하고 희귀한 형질이 대물림된다면, 더 평범하고 일반적인 변이도 대물림되는 게 틀림없다.

알려지지 않은 법칙들

　　종 내에서 변이가 일어나는 방식을 지배하는 불가사의한 법칙들이 있다. 우리는 그중 일부 법칙을 볼 수 있지만, 어렴풋하게만 볼 수 있다. 그러나 자손이 형질을 물려받는 방식을 지배하는 다른 법칙들은 전혀 알려져 있지 않다.

다윈은 이 '다른 법칙들' 문제를 5장에서 다시 다룬다.

　　똑같은 특정 형질이 왜 어떤 때에는 대물림되고 어떤 때에는 대물림되지 않는지 그 이유는 아무도 모른다. 아이가 가끔 할아버지나 할머니 또는 더 먼 조상을 닮는 이유는 무엇일까? 왜 어떤 특징은 딸과 아들 모두에게 전달되는 반면, 어떤 특징은 아들이나 딸에게만 전달될까?

　　변종과 아종 또는 아종과 종을 구분하려고 할 때에도 이와 똑같은 불확실성 문제가 나타난다. 거의 모든 사육 동물과 재배 식물을 어떤 전문가는 변종에 불과하다고 말하는 반면, 어떤 전문가는 별개의 종이라고 말한다.

　　길들인 종의 변종들이 서로 간에 얼마나 차이가 큰지 평가하려고 하면, 우리는 금방 의문에 사로잡히게 된다. 변종들이 하나의 부모 종에서 유래했

코니카가문비나무에서 나머지 가지들과 크기와 구조가 다른 '기형 가지'가 뻗어 나와 있다.

는지, 아니면 여러 부모 종에서 유래했는지 우리는 알지 못한다. 만약 이 문제가 명확히 밝혀진다면, 그 결과는 아주 흥미로울 것이다. 예를 들면, 그레이하운드와 블러드하운드, 테리어, 스패니얼, 불도그가 모두 같은 종의 변종으로 밝혀진다면, 종이 얼마나 크게 변할 수 있는지 알 수 있을 것이다. 만약 한 종에서 많은 변종이 생겨날 수 있다면, 유연관계(생물들이 분류학적으로 얼마나 멀고 가까운지를 나타내는 관계―옮긴이)가 아주 가까운 종들(세계 각지에 사는 많은 여우 종들처럼)이 과거에 절대로 변하지 않았다는 주장은 의심해 보아야 한다.

먼 옛날부터 우리가 길들여 온 동식물이 한 종에서 유래했는지 여러 종에서 유래했는지는 알 길이 없다. 나는 전체 문제가 모호한 상태로 남아 있다고 생각한다. 말의 경우, 나는 모든 변종이 하나의 야생종에서 유래했다고 믿고 싶다. 그러나 일부 저자들은 우리가 사육하거나 재배하는 동식물 품종들이 하나의 야생종이 아니라 더 많은 야생종에서 유래했다는 불합리하고 극단적인 개념을

말에 대한 다윈의 추측은 옳았다. 오늘날의 말은 모두 멸종한 한 종의 아종들이다.

다윈과 여러 과학자들은 고대 이집트의 소 같은 가축의 기원에 큰 호기심을 느꼈다. 이 모형 외양간은 이집트 중왕국 시대인 기원전 1975년경에 만든 것이다.

종이란 무엇인가?

오늘날 과학자들은 일반적으로 '종'을 교배를 통해 생식 가능한 자손을 낳을 수 있는 생물 집단으로 정의한다. 이것은 그 자손도 자손을 '낳을' 수 있어야 한다는 뜻이다.

예를 들면, 사자와 호랑이는 모두 표범속에 속하지만, 서로 다른 종이다. 사자와 호랑이는 일반적으로 야생에서는 서로 짝짓기를 하지 않는다. 그런데 동물원에서는 가끔 짝짓기를 하고, 심지어 새끼를 낳을 때도 있다. 그러나 둘 사이에서 태어난 새끼는 생식 능력이 없어 새끼를 낳을 수 없다. 두 생물 개체가 같은 종으로 인정받으려면, 생식 가능한 자손을 낳아야만 한다.

많은 종에는 '아종'이라는 하위 집단이 있다. 아종은 겉모습이나 구조가 그 종의 표준과 상당한 차이가 있지만, 별개의 종으로 인정할 만큼 그 차이가 충분히 크지 않은 동식물 집단을 말한다. 오늘날 과학자들은 아직 공식적으로 아종으로 인정받지 못한 집단을 가리킬 때 '변종variety'이라는 용어를 가끔 사용한다. 종이 다른 개체들 사이에서는 교배가 일어나지 않지만, 같은 종에 속한 변종과 아종 개체들 사이에서는 대개 교배가 가능하다. 하지만 일반적으로는 교배가 잘 일어나지 않는데, 사는 장소나 서식지가 달라 서로 접촉하는 경우가 드물기 때문이다.

다윈 시대에 박물학자들은 두 동식물 집단 사이의 차이가 얼마나 커야 각각 별개의 종으로 분류할 수 있는지에 대해 의견이 일치하지 않았다. 다윈은 『종의 기원』 전체에서 '종'과 '아종', '변종'이라는 용어를 사용했지만, 반드시 오늘날의 과학자들이 정의한 대로 사용한 것은 아니었다.

다윈은 '종'을 느슨하고 다소 유연한 범주로 여겼다. 종은 '아종'이나 '변종'보다 더 광범위하고 포괄적인 범주이지만, '속▩'보다는 범위가 좁다. 다윈은 종을 같은 조상에게서 유래하고 특징적인 형태와 구조와 행동을 일부 공유한 생물 집단이라고 생각했다. 그리고 같은 종 내의 변종은 아종으로 옮겨가는 중간 단계라고 보았고, 아종은 다른 종으로 옮겨가는 중간 단계라고 보았다. 그러나 이종 교배를 다룬 8장에서 볼 수 있듯이, 다윈은 종 사이의 장벽에는 가끔 구멍이 있다고 생각했다. 즉, 단단한 콘크리트 벽보다는 울타리에 가깝다고 보았다.

주장했다. 어느 저자는 영국에는 세상 어디에도 없는 야생종 양이 11종 살았고, 이 종들로부터 오늘날 존재하는 품종들이 생겨났다고 믿고 있다!

그 설명은 아주 간단하다. 변종을 연구하는 데 많은 시간을 보내는 박물학자들은 변종들의 차이점에 강한 인상을 받는다. 이들은 작은 차이가 많은 세대를 거치면서 축적된 결과로 큰 차이가 생겨났다는 견해를 받

동물원의 두 라이거(수사자와 암호랑이 사이에서 태어난 새끼).

오늘날의 개는 어떻게 만들어졌을까?

여러분이 개를 한 번도 본 적이 없다고 상상해 보자. 그러다가 어느 날, 그레이트데인이 치와와와 함께 있는 모습을 보았다고 하자. 그레이트데인은 몸집이 크고 귀가 축 늘어지고 턱이 큰 반면, 치와와는 아주 작고 귀가 쫑긋하며 턱이 뾰족하다. 여러분은 두 개가 같은 종이라고 생각하는가? 아니면 사자와 호랑이처럼 서로 가깝긴 하지만 각각 다른 종이라고 생각하는가?

그레이트데인(왼쪽)과 치와와(오른쪽).

종류에 따라 크기와 모양이 아주 다양하지만, 모든 개는 같은 종에 속한다. 치와와의 작은 몸집과 큰 눈처럼 뚜렷하게 구별되는 특징을 공통으로 가진 개들의 집단을 같은 '품종'이라고 말한다. 미국에서 도그쇼를 열고 개의 품종 개량 기록을 관리하는 아메리칸 케널 클럽이 2018년 3월을 기준으로 인정한 개 품종은 모두 190가지나 된다. 게다가 세계 각지의 여러 단체들이 인정한 개 품종이 100가지 이상이나 된다. 그러나 많은 개들은 두 가지를 넘는 품종들의 특징이 섞여 있다. 이런 개들을 '잡종견'이라고 부른다.

처음에 개가 어떻게 생겨났는지는 수수께끼로 남아 있다. 다윈은 개가 여러 야생종이 가축화되어 생겨났다고 생각했다. 1990년대에 과학자들은 다윈의 생각이 틀렸다고 결론 내렸다. 이들은 모든 개가 회색늑대*Canis Lupus*로부터 유래했다고 주장했다. 유일한 문제는 개의 학명을 회색늑대의 아종인 카니스 루푸스 파밀리아리스*Canis Lupus familiaris*로 불러야 하는가, 아니면 별개의 종인 카니스 파밀리아리스*Canis familiaris*로 불러야 하는가였다.

2013년에 몇몇 연구자들이 새로운 개념을 내놓았다. 이들은 세계 각지에 사는 개와 늑대의 DNA를 연구한 결과를 바탕으로 개가 지금은 멸종한 종류의 늑대로부터 유래했다고 주장했다. 더 많은 연구가 진행되고 있지만, 개가 언제 어디서 어떻게 늑대로부터 진화했는지에 대해서는 아직 전문가들의 의견이 분분하다.

그러나 오늘날 살고 있는 개들의 품종은 대부분 지난 수백 년 사이에 만들어졌다. 많은 품종은 사람들이 원하는 특징을 가진 암컷과 수컷을 교배시킴으로써 그런 특징을 가진 새끼를 태어나게 하는 방법으로 생겨났다.

모든 종과 마찬가지로 개도 임의로 일어나는 돌연변이 때문에 가끔 일부 특징에 변이가 생긴다. 사람들은 이 사실을 활용해 새로운 품종을 만들어 낸다. 예컨대, 다른 개들보다 특별히 털이 더 복슬복슬하거나 다리가 더 길거나 성격이 더 온순한 개가 태어날 때가 있다. 그리고 이런 특징이 자손에게 전달될 수 있다. 같은 특징을 가진 개끼리 교배시키면, 그 새끼에게도 이 특징이 나타날 가능성이 높다.

만약 사람들이 복슬복슬한 털이나 긴 다리나 온순한 성격을 가진 개를 좋아한다면, 그런 특징을 가진 개들을 따로 선별해 잘 관리한다. 그리고 이 개들끼리, 그리고 다시 같은 특징을 갖고 태어난 그 자손들끼리 계속 교배시켜 나감으로써 원하는 특징이 더 두드러지게 나타나는 집단을 얻을 수 있다. 이런 집단을 계속 관리하

최근에 인위 선택을 통해 새로 만들어진 개 품종인 래브라두들.

면서 선택적으로 교배시켜 나가면, 수천 년 혹은 불과 수백 년 만에 독특한 품종이 생겨날 수 있다(물론 이 품종의 개도 여전히 다른 개와 짝짓기를 함으로써 새끼를 낳을 수 있다).

다윈은 인간이 동식물의 교배를 선택적으로 조절함으로써 원하는 변종을 만드는 방법을 '인위 선택'이라고 불렀다. 다윈은 인위 선택은 자연에서 일어나는 과정을 훨씬 빨리 일어나게 만든다고 보았다. 다만, 자연과 달리 인간은 자신의 욕구와 필요에 맞는 품종과 변종을 만들어 낸다. 사람들은 아직도 그런 일을 계속하고 있다. 오늘날의 품종 개량가들은 래브라두들(래브라도레트리버와 푸들의 잡종)과 퍼글(퍼그와 비글의 잡종) 같은 품종을 새로 만들어 냈다.

아직까지 독자적인 종으로 진화한 개 품종은 하나도 없지만, 오늘날 만들어진 다양한 개 품종들은 짧은 시간에 종이 얼마나 많이 변할 수 있는지 보여 준다.

아들이려 하지 않는다. 그러나 많은 박물학자는 품종 개량가보다 유전에 대해 아는 것이 훨씬 적다. 이들은 종이 다른 종에서 유래했다는 개념을 조롱할 때 조금 더 신중해야 하지 않을까?

비둘기 사례

나는 특별한 집단을 연구하는 것이 언제나 가장 좋은 방법이라고 생각한다. 그래서 집비둘기를 선택했다. 구할 수 있는 집비둘기 품종은 모두 구해서 길렀다. 또 세계 각지에서 많은 사람들이 친절하게도 박제 표본을 보내 주었다. 집비둘기는 인위 선택을 통해 얼마나 많은 변종이 생겨났는지 생생하게 보여 준다.

집비둘기 품종은 놀라울 정도로 다양하다. 영국전서구, 그중에서도 특히 수컷은 머리 부근에 살집이 두툼한 맨살이 드러나 있는 것으로 유명하다. 게다가 눈꺼풀이 길게 늘어지고, 콧구멍이 아주 크고, 입이 넓은 특징이 있다. 짧은얼굴공중제비비둘기는 윤곽이 핀치와 아주 비슷하다. 보통 공중제비비둘기는 높

모든 집비둘기 품종들의 조상인 바위비둘기.

은 고도에서 촘촘하게 무리를 지어 날고, 공중제비를 하며 나는 습성이 있다. 런트_{runt}는 몸집이 큰 비둘기로, 부리가 길고 크며 발도 크다. 트럼페터_{trumpeter}와 래퍼_{laugher}는 울음소리가 다른 품종의 비둘기들과 크게 다르다. 다른 비둘기들의 꽁지깃은 12개 또는 14개가 보통이지만, 공작비둘기는 30개 또는 심지어 40개나 있다.

집비둘기 품종들 사이의 차이점이 이렇게 크지만, 나는 모든 집비둘기 품종들이 바위비둘기_{Columba livia}에서 유래했다는 대다수 박물학자들의 견해에 전적으로 동의한다. 내가 이렇게 믿는 이유들은 다른 사례들에도 적용되므로, 그것들을 간략하게 소개하려고 한다.

만약 모든 집비둘기 품종들이 바위비둘기에서 유래하지 않았다면, 적어도 7~8가지 조상종으로부터 유래했어야 한다. 그리고 이 조상 종들은 모두 바위비둘기였어야 한다. 다시 말해서, 이들은 집비둘기처럼 나무 위에 내려앉아 쉬거나 나무 위에서 번식하며 살아가지 않고, 절벽의 바위턱이나 땅 위에서 살아갔다. 그러나 바위비둘기는 콜룸바 리비아_{Columba livia} 외에는 두세 종만 알려져 있다. 그런데 이들에게서는 집비둘기가 지닌 특징을 전혀 찾아볼 수 없다.

그렇다면 집비둘기 품종들의 조상 종들은 모두 야생에서 멸종했거나 처음에 가축화된 나라들에만 아직 남아 있지만 아직 과학계에 알려지지 않았다는 이야기가 된다. 이들은 모두 멸종한 것일까? 절벽 바위턱에서 번식하면서 하늘을 잘 나는 새는 쉽게 멸종하지 않는다. 집비둘기 품종들과 같은 습성을 지닌 바위비둘기인 콜룸바 리비아는 아직 살아남아 있다. 따라서 이와 비슷한 다수의 종이 멸종했다고 보는 것은 경솔한 가정이다. 그보다는 **모든 집비둘기 품종이 알려진 단 하나의 바위비둘기 종으로부터 유래했을 가능성이 매우 높다.**

비둘기의 색에 관련된 사실도 몇 가지 살펴보자. 바위비둘기의 몸 색깔은 회색 빛이 도는 파란색이고, 엉덩이 부분은 흰색이며, 일부 깃털 가장자리는 흰색을 띠고, 꽁지 끝부분에는 어두운색 줄무늬가 있다. 이 특징들이 모두 나타나는 경우는 어떤 야생 비둘기 종에서도 볼

1837년에 그린 영국 전서구 그림. 『종의 기원』 중 일부 내용은 다윈이 이 품종을 비롯해 여러 비둘기 품종을 직접 기르면서 얻은 경험에서 나왔다.

수 없다. 그러나 모든 집비둘기 품종들에서는 이 특징들이 모두 완벽하게 나타나는 경우가 가끔 있다. 서로 다른 두 집비둘기 품종을 교잡시킨 자손에서도 이 특징들이 나타날 수 있는데, 심지어 부모가 파란색이 아니고 그런 특징이 전혀 없는 경우에도 나타날 수 있다.

나는 흰색 공작비둘기를 검은색 바브barb와 교잡시켜 보았다. 그러자 갈색과 검은색이 얼룩덜룩 섞인 새끼들이 태어났다. 이 새끼들을 교배시켰더니, 순백색 공작비둘기와 순흑색 바브의 손자들인 이 비둘기 중 한 마리는 야생 바위비둘기처럼 아름다운 파란색이었고, 또 엉덩이 부분과 일부 깃털 끝부분이 흰색이었으며, 검은색 줄무늬가 있었다! 자손에게 가끔 조상의 형질이 나타나는 경우가 있다는 사실은 이미 알려져 있다. 그러나 내가 사육한 비둘기들에서 관찰한 사실들은 모든 집비둘기 품종들이 그런 특징을 가진 조상, 즉 콜룸바 리비아에서 유래했을 경우에만 설명할 수 있다.

많은 사람이 비둘기를 자세히 관찰하고 정성을 기울여 보살피고 사랑해 왔다. 비둘기는 세계 여러 곳에서 수천 년 동안 사육돼 왔다. 비둘기고기는 고대 이집트의 메뉴에도 실려 있다. 고대 로마의 역사학자 플리니우스Plinius는 비둘기를 사느라 지불한 막대한 금액을 기록으로 남겼다. 1600년 무렵에 인도 황제도 비둘기를 소중하게 여겼다. 다른 나라 왕들이 희귀한 비둘기들을 보내 왔는데, 궁정 역사가는 "폐하께서는 품종들을 교잡시킴으로써…… 그들을 경이로울 정도로 개량하셨다"라고 기록했다. 오늘날 비둘기에서 관찰되는 엄청나게 다양한 변이는 비둘기와 품종 개량에 대한 높은 관심에서 비롯되었다.

처음에 비둘기를 기를 때, 나는 그 많은 변종들이 같은 부모 종에서 유래했다는 사실을 믿기 어려웠다. 마찬가지로 다른 박물학자들도 그 많은 야생 핀치 종이나 다른 조류의 많은 집단이 하나의 종에서 유래했다는 사실을 믿기 어려울 수 있다. 그러나 만약 집비둘기 품종들이 하나의 종에서 유래했다면, 야생에서 살아가는 근연종(서로 아주 가까운 관계에 있는 종들) 새들도 같은 부모에서 유래하지 않았을까?

선택의 힘

가축과 재배 식물의 놀라운 특징 한 가지는 자신을 위해 적응한 것이 아니라 사람의 용도나 기호에 맞게 적응했다는 것이다.

여러 말 품종들을 묘사한 1900년경의 이 그림들은 다윈이 선택 교배를 설명하는 데 사용했던 변종들을 일부 보여 준다.

짐말과 경주마를 비교하거나, 농장이나 산악 지역의 목초지에 적응한 다양한 양 품종들을 비교하거나, 각자 다른 방식의 유용한 특징을 지닌 많은 개 품종들을 비교할 때, 우리는 자연에서 나타나는 단순한 변이성에만 주목해서는 안 된다. 이 모든 품종들은 갑자기 오늘날 우리가 보는 것처럼 완벽하고 유용하게 만들어지지 않았다.

가장 중요한 요소는 시간이 지남에 따라 차이를 축적시키는 인간의 선택 능력이다. 자연은 변이를 제공하고, 인간은 변이를 자신에게 유용한 방향으로 축적시킨다. 품종 개량가들과 재배자들은 아주 작은 변이에도 세심한 주의를 기울임으로써 그 일을 해낸다.

선택의 강력한 힘은 잘 알려져 있다. 최고의 품종 개량가 몇 사람은 자신의 온 생애를 바쳐 소와 양 품종을 크게 변화시키는 데 성공했다. 품종 개량가는 동물의 종류를 자신이 마

음대로 빚어서 만들어 낼 수 있는 대상인 것처럼 이야기한다. 독일 작센 지역에서는 메리노 양을 귀하게 여긴다. 이곳에서는 선택의 원리가 중요하다는 것이 아주 잘 알려져 있어 그 일을 직업으로 삼은 사람들도 있다. 이들은 마치 미술을 사랑하는 사람이 그림을 감상하는 것처럼 양을 탁자 위에 올려놓고 자세히 관찰하고 살펴본다. 그리고 가장 우수한 양을 품종 개량 대상으로 선택하기 위해 양의 몸에 등급을 표시함으로써 분류한다.

무의식적 선택

오늘날의 품종 개량가들은 신중한 선택을 통해 기존의 품종보다 나은 혈통이나 아품종을 새로 만들려고 노력한다. 그러나 훨씬 더 중요한 것은 다른 종류의 선택이다. 이것은 '무의식적 선택'이라고 부를 수 있다. 무의식적 선택은 최선의 동물 개체를 만들려고 하는 모든 재배자나 품종 개량가의 노력에서 비롯된다.

오늘날의 품종 개량가들이 평생에 걸쳐 소를 개량한 것처럼 무의식적 선택은 수백 년의 시간이 지나는 동안 어떤 품종이라도 개량하거나 변화시킬 수 있다. 한 예로 영국 경주마가 있다. 처음에는 무의식적 선택을 통해, 그다음에는 체계적 선택을 통해 영국 경주마들은 그 조상인 아랍종보다 더 빠르고 큰 품종으로 변했다.

식물에서도 이와 동일한 점진적 개량 과정을 볼 수 있다. 오늘날의 장미와 달리아는 옛날 품종들이나 부모 품종들보다 더 크고 아름답게 개량되었다. 야생 식물의 씨로 최상급 달리

아를 기를 수 있으리라고는 아무도 기대하지 않을 것이다. 나는 사람들이 이 꽃들의 화려한 변종들을 만들어 낸 원예가들의 경이로운 기술에 크게 놀라워하는 모습을 많이 보았다. 그러나 그 기술은 아주 단순한 것으로, 거의 무의식적으로 실행에 옮겨져 왔다.

원예가들은 알려진 것 중 가장 우수한 변종들을 재배하고 그 씨를 뿌려 왔다. 조금 더 나은 변종이 우연히 나타나면, 그것을 선택해 같은 일을 반복했다. 고대 로마의 원예가들은 자신들이 얻을 수 있는 것 중에서 최상의 서양배를 재배했지만, 오늘날 우리가 얼마나 좋은 서양배를 먹고 있을지 전혀 상상도 하지 못했을 것이다. 그래도 오늘날 우리가 훌륭한 과일을 먹을 수 있는 것은 각자 나름대로 최선의 변종을 선택하고 보존한 사람들의 노력이 있었기 때문이다.

인위 선택은 다룰 수 있는 변이의 정도가 클 때 가장 큰 위력을 발휘한다. 유용하거나 보기에 좋은 변이는 아주 가끔 나타나기 때문에, 품종 개량가나 원예가가 많은 수의 개체를 기를 때 그런 변이를 발견할 확률이 높아진다. 한 작가는 영국의 일부 지방에 사는 양은 "일반적으로 가난한 사람들이…… 소규모로" 기르기 때문에 절대로 개량될 수 없다고 지적했다. 반면에 같은 종의 식물을 대량으로 기르는 묘목원 주인은 일반적으로 아마추어 원예가보다 새롭고 가치 있는 변종을 얻는 데 성공할 가능성이 훨씬 높다.

변이성은 많은 미지의 법칙에 좌우되며, 그 최종 결과는 무한히 복잡하다. 그러나 나는 가축과 작물 품종을 새로 만드는 데에서는 인위 선택이 단연코 가장 큰 힘으로 작용한다고 확신한다.

오늘날의 서양배 품종 여덟 가지.

2장
종의 구분

앞 장에서는 사람들이 선택을 통해 만든 작물과 가축을 살펴보았다. 이 장에서는 야생 상태에서 살아가는 동식물에 선택이 어떻게 작용하는지 살펴볼 것이다.

자연 상태에서 살아가는 생물에 선택이 작용하려면, 야생종에서 변이가 나타나야 한다. 이 주제에 관해 나는 관찰된 사실들을 길게 나열해야 하겠지만, 이것들은 장래에 할 연구로 남겨 두려고 한다. 여기서는 동식물 개체들이 서로 어떻게 다르며, 종과 종 사이의 경계를 어디에 그어야 하는지 고려하는 것만으로 충분하다고 본다.

종이냐 변종이냐?

모든 박물학자를 만족시킬 수 있는 '종'의 정의는 없지만, 모든 박물학자는 종에 대해 이야기할 때 그것이 무엇을 의미하는지 어렴풋하게 안다. 종 내에서 나타나는 '변종' 역시 딱 부러지게 정의하기 어렵다. 그렇지만 어떤 종의 모든 개체가 정확하게 똑같다고 생각하는 사람은 아무도 없다. 심지어 같은 부모에서 태어난 자손들 사

다윈은 자신의 이론이 동식물 종들이 '야생 상태'에서 어떻게 나타나는지 설명해야 한다는 사실을 잘 알았다. 사진의 요세미티국립공원은 바로 그러한 야생 상태를 보여 준다.

이에서도 개체 간에 작은 차이가 많이 나타날 수 있다. 이러한 개체 간의 차이는 아주 중요하다. 이것은 자연 선택이 일어나고 축적될 재료를 공급한다.

나는 경험이 아주 많은 박물학자도 내가 여러 해 동안 수집한 변이의 수에 크게 놀랄 것이라고 확신한다. 어떤 생물의 구조 중 중요한 부분들에서도 변이가 나타날 수 있다. 예를 들면, 곤충의 신경이 갈라져 나가는 형태가 같은 종 내에서도 차이가 나타나리라고는 아무도 예상하지 못했다. 그러나 얼마 전에 한 박물학자는 깍지벌레의 주요 신경에 나타나는 변이성이 같은 나무에서 불규칙하게 뻗어 나간 가지들에 비유할 수 있을 정도로 아주 크다는 것을 보여 주었다.

깍지벌레는 식물 수액을 먹고 사는데, 감귤류의 해충으로 자주 발견된다.

일부 저자들은 생물의 중요한 특징들은 결코 변하지 않는다고 이야기할 때 가끔 순환 논법을 사용한다. 그 이유는 이 저자들은 중요한 특징이 절대로 변하지 않는 특징이라고 생각하기 때문이다. 이 관점에서 본다면, 중요한 특징의 변이는 절대로 발견되지 않아야 할 것이다! 그러나 다른 관점을 취한다면, 그런 사례를 많이 발견할 수 있을 것이다. 변이는 동물이나 식물의 어떤 부분에서도 나타날 수 있다.

불확실한 판단과 추측이 끼어들 여지

어떤 생명체가 어떤 종의 변종인지 아니면 별개의 종인지 판단하기가 매우 어려울 수 있다. 서로 다른 두 형태를 중간 특징을 지닌 여러 형태를 통해 연결할 수 있을 때, 박물학자는 둘 중 한 형태를 다른 형태의 변종으로 취급한다. 더 흔한 형태를 종이라 부르고, 덜 흔한 형태를 변종이라고 부를 수도 있다. 혹은 과학계에서 먼저 기술한 것이 종이 되고, 나중에 기술한 것이 변종이 되기도 한다.

관찰자가 어떤 형태와 알려진 종 사이의 중간 연결 고리가 한때 존재했거나 어딘가에 존재할 수도 '있다고' 가정하여(비록 그런 중간 연결 고리는 발견된 적이 없다 해도) 그 형태를 변종이라고 부르는 경우가 종종 있다. 여기에는 불확실한 판단과 추측이 끼어들 여지가 많다.

이렇게 의심스러운 성격을 지닌 변종은 아주 흔하다. 영국과 프랑스, 미국에 서식하는 식물 중에서 한 식물학자는 종이라고 부르는 반면, 다른 식물학자는 변종이라고 부르는 것이 놀랍도록 많다. 마찬가지로 어느 유명한 박물학자는 북아메리카와 유럽에 사는 많은 조류와 곤충을 종으로 분류한 반면, 어떤 박물학자는 변종으로(혹은 종종 부르는 명칭인 지역적 품종으로) 분류했다.

오래전에 나는 갈라파고스 제도의 여러 섬에 사는 새들을 서로 비교하고, 또 이 새들을 가장 가까운 남아메리카 본토에 사는 새들과도 비교해 보았다. 게다가 다른 박물학자들이 비교한 것도 보았다. 그러면서 나는 종과 변종의 구분이 너무나도 모호하고 비과학적이라는 사실에 크게 놀랐다. 한 예로, 영국에 사는 붉은뇌조를 들 수 있다. 경험 많은 여러 조류학자는 이 새를 노르웨이에 사는 종의 변종이거나 한 품종이라고 생각한다. 그러나 조류학자들은 대부분 붉은뇌조가 영국에서만 사는 별개의 종이라고 생각한다.

많은 박물학자는 두 동식물의 서식지가 상당히 멀리 떨어져 있을 때, 이 둘을 각각 별개의 종으로 분류하는 경향이 있다. 그러나 얼마나 멀리 떨어져 있어야 그렇게 분류할 수 있을까? 아메리카와 유럽 사이의 거리라면 충분하다고 가정해 보자. 그렇다면 유럽 본토와 아일랜드 사이의 거리는 충분할까 충분하지 않을까?

우리는 일부 훌륭한 심판관들이 많은 동식물 형태를 변종이라고 부르는 반면, 다른 훌륭한 심판관들이 그것들을 종이라고 부른다는 사실을 인정해야 한다. 그러나 일반적으로 받아들여지는 종과 변종의 정의가 없는 상태에서 그것들을 종으로 부르는 것이 옳은지 변종으로 부르는 것이 옳은지 논하는 것은 헛수고에 지나지 않는다.

젊은 박물학자

자신이 젊은 박물학자라고 상상해 보라. 그리고 전혀 알지 못했던 생물 집단—예컨대 달팽이—을 연구하려 한다고 하자.

처음에는 당연히 몹시 당혹스러울 것이다. 한 달팽이와 다른 달팽이 사이에

다윈이 갈라파고스 제도에서 본 핀치 중 한 종인 작은땅핀치. 다윈과 갈라파고스 제도의 핀치에 대해 더 자세한 내용은 11장의 '다윈의 유명한 핀치들' 참고

통합파와 세분파

다윈은 두 생물이 서로 다른 종인지 아니면 같은 종의 변종인지 결정하는 데 따르는 어려움을 언급했다. 생물학자들은 아직도 이 문제로 고민하고 있으며, 가끔 특정 동물이나 식물을 어떻게 분류해야 하는지를 놓고 의견이 갈린다.

서로 가까운 관계에 있는 동물이나 식물 집단 둘을 비교한다고 가정해 보자. 두 집단은 서로 아주 비슷하지만 약간의 차이점이 있다. 각 집단은 서로 별개의 종일까? 아니면, 한 집단은 다른 종의 아종이거나 변종일까? 그 답은 해당 생물학자가 '통합파'와 '세분파' 중 어느 쪽인가에 따

과학자들은 모든 기린이 같은 종이 아니라고 시사하는 DNA 연구 결과에 깜짝 놀랐다. 얼마나 많은 종이 존재하는지는 더 많은 연구를 통해 밝혀질 것이다.

는 DNA로 이루어진 유전자가 부모로부터 자손에게 유전적 특징을 어떻게 전달하는지 과학적으로 연구하는 분야이다. 각각의 종은 자신만의 독특한 유전체, 즉 DNA 설계도를 갖고 있다. 예를 들면, 2016년에 연구자들은 아프리카 여러 곳에 사는 기린 190마리의 피부 표본을 채취해 DNA를 분석했다. 그전까지 과학자들은 모든 기린 개체군은 북부기린*Giraffa camelopardalis*이라는 한 종에 속하며, 최대 11개의 아종이 존재한다고 생각했다. 그러나 새로운 DNA 연구 결과에 따르면, 실제로는 네 종과 한 아종이 존재하는 것으로 보인다.

이 결과를 과학계가 완전히 받아들이려면 이를 뒷받침하는 연구가 더 필요하지만, 이 결과는 현실적으로 중요한 의미를 지닌다. 현재 두 아종으로 인정된 기린 개체군은 그 개체수가 너무 적다. 만약 이들이 각각 별개의 종으로 재분류된다면, 즉각 멸종 위기종으로 지정해 보호해야 할 것이다.

유전학으로 차이의 정도를 측정할 수 있지만, 통합파 대 세분파의 문제는 여전히 남아 있다. 차이가 얼마나 나야 서로 다른 종으로 인정할 수 있는지를 놓고 생물학자들의 의견은 아직도 갈리고 있다.

라 달라질 수 있다. 통합파는 의심스러울 때 생물들의 차이가 작다면 같은 범주에 포함시키는 경향이 있다. 통합파는 공통적인 특징에 초점을 맞춘다. 그러나 세분파는 의심스러울 때 생물들의 차이를 바탕으로 별개의 집단으로 분류하는 경향이 있다.

오늘날의 생물학자들은 다윈에게 없었던 도구가 있는데, 그것은 바로 유전학이다. 유전학은 세포 속에 들어 있

서 차이를 발견하지만, 그것이 무엇을 의미하는지 알지 못할 것이다. 각각 별개의 종으로 분류되려면 어떤 차이가 있어야 할까? 그리고 같은 종의 변종임을 나타내는 단순한 차이는 어떤 것일까? 이 시점에서는 달팽이 세계에 얼마나 많은 변이가 존재하는지 여러분은 알고 있는 게 전혀 없다.

만약 한 나라에 사는 한 달팽이 집단—예컨대 껍데기에 줄무늬가 있는 달팽이들—에만 초점을 맞춘다면, 대부분의 형태를 어떻게 분류해야 할지 금방 결정 내릴 수 있을 것이다. 여러분은 별개의 종을 많이 확인하는 경향이 있을 텐데, 계속 연구하는 달팽이들에서 발견하는 큰 차이에 깊은 인상을 받을 것이기 때문이다. 그러나 다른 집단이나 다른 나라에 사는 달팽이들에 대해서는 아는 것이 별로 없어 이러한 첫인상을 쉽게 고치지 못할 것이다.

그러나 시간이 지나면서 세계 각지에 사는 많은 종류의 달팽이들을 관찰한다고 가정해 보자. 그러면 결국 어떤 것이 변종이고, 어떤 것이 종인지 결론을 내릴 수 있게 될 것이다. 그럼에도 다른 박물학자들이 이 결론을 반박하는 경우도 많을 것이다.

변종에서 종으로

종과 아종(종의 지위에 아주 가깝긴 하지만 완전히 종의 지위에 이르지는 못한 형태)을 명확하게 구분하는 기준이 아직까지는 없다. 마찬가지로 아종과 변종을 명확하게 구분하는 기준도 없다. 이렇게 약간씩 차이가 있는 단계들이 서로 섞인 채 죽 이어져 있다.

동식물 개체들 사이의 작은 차이는 내 이론에 아주 중요하다. 이것은 박물학자들의 연구에서 거의 기록된 적이 없을 만큼 사소한 차이가 나는 변종을 향해 나아가는 첫걸음이다. 나는 그 차이가 뚜렷하고 영구적인 것으로 변한 변종은 아종으로 나아가는 단계이고, 아종은 새로운 종으로 나아가는 단계라고 생각한다.

모든 변종이 종의 지위에 이르는 것은 아니다. 도중에 멸종할 수도 있고, 아주 오랫동안 변종의 지위로 살아갈 수도 있다. 만약 변종이 크게 번성하여 그 개체수가 부모 종을 능가

라틴아메리카의 여러 옥수수 품종. 이 중에서 어떤 것은 변종으로, 또 어떤 것은 아종으로 분류된다. 이것들은 서로 (그리고 오늘날 상업적으로 재배되는 옥수수와) 차이가 있지만, 모두 같은 종인 제아 마이스*Zea mays*(옥수수)에 속한다.

한다면, 변종이 종의 지위를 얻는 대신에 부모 종이 변종의 지위로 내려갈 수도 있다. 또, 변종이 부모 종을 대체하면서 절멸시킬 수도 있다. 마지막으로 둘 다 공존하면서 각자 독립적인 종으로 인정받을 수도 있다. 이어지는 장들에서 이 주제에 대해 더 자세히 다루기로 하겠다.

변종과 종, 속屬(생물 분류의 한 단위로 과科와 종種 사이에 있다) 사이에는 어떤 관계가 있는 것처럼 보인다. 어느 지역에서 어떤 속에 포함된 종의 수가 평균보다 많다면, 그 종들에 포함된 변종의 수도 평균보다 많다. 지리적 위치도 어떤 역할을 한다. 다른 종과 유연관계가 아주 가까운 종은 분포 범위에 제한이 있는 것처럼 보인다.

어떤 종의 분포 범위는 그 종이 자연적으로 서식하는 전체 면적을 가리킨다.

이 모든 점에서 속과 종 사이의 관계는 종과 아종, 그리고 아종과 변종 사이의 관계와 비슷하다. 왜 그런지는 만약 종이 처음에 다른 종의 변종으로 시작하여 원래 종과 차이가 점점 커져 가다가 마침내 그 차이가 확연하게 커져서 별개의 종으로 인정받게 되었다고 한다면 분명하게 이해할 수 있다. 만약 각각의 종이 다른 종과 연결되는 공통 조상의 관계가 없이 독립적으로 나타났다면, 이러한 패턴은 설명할 길이 없다.

생물의 분류 체계와 이름

각 종에는 두 부분으로 된 학명이 붙어 있다. 첫 번째 부분은 속屬을 나타내는 이름이고, 두 번째 부분은 종을 나타내는 이름이다. 예를 들면, 티토 알바*Tyto alba*는 가면올빼미(원숭이올빼미라고도 함)의 학명이다. 티토*Tyto*는 거의 모든 종류의 가면올빼미 종들을 포함하는 가면올빼미속을 가리키지만, 알바*alba*는 일반적인 가면올빼미 종만을 가리킨다(종의 학명은 대부분 최초로 널리 쓰인 과학 언어인 라틴어로 표기한다).

두 부분으로 된 이 이름은 생물계 전체에서 가면올빼미의 위치를 나타내는 분류 체계의 일부이다. 다윈 시대의 과학자들은 생물을 린네의 분류법에 따라 분류했다. 이 분류법은 18세기에 스웨덴에서 살았던 박물학자 칼 린네*Carl Linne*가 만든 것이다.

린네의 분류법은 동물계, 식물계, 균계처럼 계界라는 가장 큰 단계에서 시작한다. 같은 계에 속한 모든 동물은 매우 일반적인 특징들을 공유하고 있다. 계 밑에는 중요한 차이점을 바탕으로 나눈 문門이라는 단계가 있다. 그리고 문 밑에는 강綱이 있고, 강 밑에는 목目이, 목 밑에는 과科가, 과 밑에는 속, 속 밑에는 종이 있다.

하나의 과에는 속이 하나 또는 여럿 포함될 수 있다. 하나의 속에도 많은 종이 포함되거나 단 하나의 종만 포함될 수 있다. 어떤 속에 단 하나의 종만 있는 경우는 나머지 종들이 모두 멸종했거나 그 종과 가까운 종들이 존재하지 않을 때 생긴다.

종은 속이 없이 존재할 수 없고, 속은 과가 없이 존재할 수 없기 때문에, 어떤 속에 속하는 종이 단 하나만 존재할 때 그 종은 자신의 속과 과를 대표하는 유일한 종이다. 예를 들면, 벌레잡이풀의 한 종류인 올버니벌레잡이풀*Cephalotus follicularis*은 그 속(케팔로투스속)과 그 과(케팔로투스과)에서 유일한 종이다.

린네의 분류법에 따르면, 계에서부터 종에 이르기까지 가면올빼미가 속한 위치는 다음과 같다.

가면올빼미.

계: 동물계

문: 척삭동물문(척수가 있는 동물)

아문: 척추동물아문(척수가 등뼈 속으로 지나가는 동물)

강: 조류강

목: 올빼미목

과: 가면올빼미과

속: 가면올빼미속(가면올빼미과에서 초원올빼미를 제외한 모든 종)

종: 가면올빼미(일반적인 가면올빼미)

생물을 다루는 과학적 대화에서는 종명을 사용하지 않을 수 없으며, 린네가 사용한 그 밖의 용어들 중 일부는 아직도 사용되고 있다. 그러나 오늘날 많은 생물학자들은 린네가 알지 못한 분류법인 계통학이라고 부르는 분류 체계를 사용한다.

계통학은 다윈의 이론처럼 진화의 역사에 기초하고 있다. 계통학은 살아 있는 종과 멸종한 종을 가리지 않고 조상과 후손 사이의 유전적 연결 관계를 추적한다. 같은 계통군에 속한 생물들은 모두 공통 조상에서 유래했다. 계통군은 그 범위가 넓은 것(예컨대 등뼈가 있는 모든 동물)도 있고, 좁은 것(모든 가면올빼미처럼)도 있다.

지구의 모든 생물은 큰 가지들에서 작은 가지들이 뻗어 나가고, 거기서 또 작은 가지들이 뻗어 나가다가 결국에는 수백만 개의 잔가지가 뻗어 있는 거대한 나무와 같다. 과학자들이 생물들 사이의 유사점과 차이점에 대해 더 많은 것을 밝혀냄에 따라 생물을 분류하는 방식이 변할 수는 있지만, 큰 집단에서 점점 더 작은 집단들로 갈라져 가는 구조 자체는 그대로 남을 것이다.

1737년에 그린 이 그림은 스웨덴 북부 라플란드 지방의 옷을 입은 박물학자 칼 폰 린네를 묘사했다. 손에 든 식물은 린네풀인데, 린나이아 보레알리스*Linnaea borealis*라는 학명에 그의 이름이 붙어 있다.

3장
생존 경쟁

내가 '발단종'(신종으로 이행하기 전 단계의 특징을 뚜렷이 가진 변종—옮긴이)이라고 부른 동식물 변종은 어떻게 별개의 종으로 변할까? 근연종 집단들은 어떻게 생겨날까? 이 장과 다음 장에서는 이런 결과들이 생존 경쟁에서 비롯된다는 사실을 보여 줄 것이다.

각각의 종에서 많은 개체가 태어나지만, 그중에서 소수의 개체만이 살아남는다. 생존 경쟁에서 동물이나 식물 개체의 성공에 도움을 주는 변이는 그 개체를 살아남게 하고 번식에 성공하게(그리고 그 변이를 자손에게 전달하게) 한다. 그 자손도 생존과 번식에서 부모와 동일하게 더 유리한 기회를 얻는다. 아무리 사소한 것이라도 유익한 변이는 다음 세대로 전달된다. 나는 이 원리를 '자연 선택'이라고 불렀다.

앞에서 우리는 인위 선택이 놀라운 결과를 낳을 수 있다는 것을 보았다. 그런데 곧 보게 되겠지만, 자연 선택은 인간의 미미한 노력에 비하면 상상을 초월할 만큼 큰 힘이다.

동물과 식물은 자신의 생활 조건과 서로에게 아주 잘 적응해 살아간다. 동물의 털이나 새의 깃털에 붙어사는 기생충에서도 우리는 아름다운 적응을 본다. 그것은 물속으로 잠수하는 물방개의 구조와 산들바람에 두둥실 떠가는 깃털 달린 민들레 씨에서도 볼 수 있다. 요컨대 생물계의 모든 장소

다윈은 "우리는 기쁨으로 환히 빛나는 자연의 얼굴을 본다"라고 썼다.
그러고 나서 그 기쁨은 전체 그림의 일부에 지나지 않는다고 설명했다.

와 모든 부분에서 아름다운 적응을 볼 수 있다. 이 모든 적응은 어떻게 완성되었을까?

우리는 기쁨으로 환히 빛나는 자연의 얼굴을 본다. 그러나 주변에서 노래하는 새들이 주로 곤충이나 씨앗을 먹고 살면서 끊임없이 생명을 파괴하고 있다는 사실을 우리는 보지 못하거나 망각한다. 비록 지금은 식량이 풍부할지 몰라도 일 년 내내 그렇지 않다는 사실을 우리가 늘 기억하는 것은 아니다. 그러나 모든 곳에서 생존 경쟁이 일어난다는 사실을 인식하지 못한다면, 자연의 전체 경제—생물의 희귀성, 풍부성, 멸종, 변이와 관련된 모든 사실—를 그저 어렴풋하게만 파악하거나 완전히 오해하게 된다(다윈은 인간의 경제 세계나 정치경제 세계 개념을 빌려와 자연계나 생태계를 가리킬 때 '자연의 경제economy of nature'라는 표현을 자주 사용했다—옮긴이).

나는 '생존 경쟁'이라는 용어를 더 넓은 의미에서 사용한다. 먹이가 부족한 시절에 두 늑대는 먹이를 차지하고 살아남기 위해 서로 경쟁할 수 있다. 사막 가장자리에서 살아가는 식물은 가뭄과 맞서 싸운다고 말할 수 있는데, 식물의 생명은 수분에 달려 있기 때문이다. 일 년에 씨를 1000개 만드는 식물은 그 씨가 떨어져 싹을 틔울 땅에 이미 자리 잡고 있는 나머지 모든 식물과 경쟁을 한다고 말할 수 있다. **생존 경쟁은 단지 동식물 개체들이 살아남기 위한 것이 아니다.** 더 중요한 것은 자손을 남기는 데 성공하는 것이다.

모든 생물을 수용할 수 없는 지구

생존 경쟁은 불가피하다. 모든 생물은 개체수를 크게 늘리려고 하는데, 이 때문에 생존 경쟁이 일어날 수밖에 없다. 살아남을 수 있는 수보다 더 많은 개체가 태어나기 때문에 늘 생존 경쟁이 벌어진다. 이 원리는 전체 동물계와 식물계에 적용된다.

모든 종이 그 수가 무한정 증가할 수는 없는데, 지구는 공간이 한정돼 있어 모두를 수용할 수 없기 때문이다. 모든 생물이 아주 높은 비율로 증가하고 모든 자손이 죽음을 피한다면, 얼마 지나지 않아 지구는 단 한 쌍의 부모에게서 난 후손들만으로도 발 디딜 틈 없이 꽉 차고 말 것이다. 만약 한 식물이 일 년에 씨를 2개만 만들고(식물들은 대부분 훨씬 많은 씨를 만들지만), 거기서 태어난 식물들도 각각 일 년에 2개씩 씨를 만든다면, 20년 뒤에는 그 식물이 100만 그루나 살고 있을 것이다. 해마다 알이나 씨를 수천 개 만드는 생물과 몇 개만 만드는 생물 사이의 유일한 차이점은 느린 번식자가 전체 지역을 가득 메우는 데 몇 년의 시간이 더 걸린다는 것뿐이다.

자연 상태에서는 거의 모든 식물이 씨를 만든다. 동물계에서 매년 짝짓기를 하지 않는 종은 극소수뿐이다. 동물과 식물은 그 수를 늘리려는 경향이 어느 시점에 이르러 죽음을 통해 억제를 받지 않는 한, 자신이 존재할 수 있는 모든 장소를 아주 빠르게 채워 나간다.

임신 기간이 길고 대개 새끼를 한 마리만 낳는 코끼리와 고래 같은 동물이 느린 번식자에 포함된다.

다윈은 '억제'를 '방해' 또는 '제약'이라는 뜻으로 사용했다.

억제와 제약

각 종은 개체수가 늘어나는 경향이 있지만, 그것을 방해하는 힘들에 억제를 받는다. 이 힘들은 겉으로 드러나지 않는 경우가 많다. 심지어 한 종에 작용하는 억제들이 정확하게 어떤 것인지 우리는 잘 모른다. 나는 일반적인 사실 몇 가지만 지적하려고 한다.

늘 그런 것은 아니지만 동물은 알이나 새끼 단계가 죽음에 가장 취약한 시기로 보인다. 식물의 경우에는 씨들이 대규모로 죽는다. 묘목이나 아주 어린 식물도 이미 다른 식물들이 빽빽하게 자리 잡고 있는 땅에서 싹을 틔울 때 큰 어려움을 겪고, 다양한 적에게 많은 수가 죽어 간다.

나는 흙을 뒤집고 모든 식물을 제거해 다른 식물들의 방해를 차단한 상태에서 폭 60cm,

새알을 훔치는 족제비.

길이 90cm의 땅 위에 자라나는 야생 잡초들을 일일이 표시한 뒤에 관찰했다. 자라난 357포기 중에서 295포기가 죽었는데, 주로 민달팽이와 곤충에게 먹혔다. 폭 30cm, 길이 120cm의 다른 땅에서는 20종의 잡초가 자랐지만, 그중 9종이 죽고 나머지 종들은 잘 자랐다.

각 종이 얻을 수 있는 먹이의 양에 따라 개체수가 증가할 수 있는 상한선이 결정된다. 그러나 다른 종에게 얼마나 많이 잡아먹히느냐에 따라 개체군의 크기가 결정되는 경우가 많다. 한 예는 영국 사유지들에 서식하는 엽조와 사냥 동물이다. 해마다 수십만 마리가 총으로 사냥되는데, 이들 개체군의 크기를 제한하는 것은 총사냥뿐만이 아니다. 어린 새와 동물을 잡아먹는 쥐처럼 해로운 동물은 인간 사냥꾼보다 더 큰 억제로 작용하는데, 그래서 사람들은 해로운 동물을 없애려고 애쓴다.

엽조와 사냥 동물은 공작과 사슴처럼 스포츠 활동으로 또는 고기를 얻기 위해 사람들이 사냥하는 종을 말한다.

엽조나 사냥 동물을 20년 동안 한 마리도 사냥하지 않고, 또 같은 기간에 해로운 동물도 한 마리도 죽이지 않는다고 가정해 보자. 20년이 지난 뒤에는 엽조와 사냥 동물은 지금보다 그 수가 적을 가능성이 높은데, 해로운 동물이 인간 사냥꾼보다 이들을 더 많이 죽일 것이기 때문이다.

반면에 맹수도 코끼리와 코뿔소 같은 특정 종의 개체는 죽이는 일이 거의 또는 전혀 없다. 인도에서는 호랑이조차 어미의 보호를 받는 어린 코끼리를 공격하는 일이 드물다.

기후도 개체군의 크기 결정에 중요한 요인으로 작용한다. 나는 모든 억제 요인 중에서 가장 효과적인 것은 심한 추위나 가뭄이라고 생각한다. 예외적으로 매서운 추위가 몰아친 1854~1855년 겨울 동안 우리 집 정원에 살던 새들 중 80%가 죽은 것으로 추정된다. 사람의 경우, 전염병으로 죽는 비율이 10%만 되어도 예외적으로 높은 사망률이라는 사실을 감안하면, 이것은 아주 막대한 피해이다.

기후가 종의 개체수 증가를 억제하는 한 가지 방법은 구할 수 있는 먹이의 양을 줄이는 것이다. 그러면 같은 종이건 다른 종이건 같은 먹이를 먹는 개체들 사이에 먹이를 얻기 위한 경쟁이 아주 치열해진다. 예를 들면, 메뚜기와 염소는 서로 아주 다른 종이지만, 공통의 먹이인 풀을 놓고 경쟁을 벌일 수 있다. 그러나 경쟁은 거의 항상 같은 종의 개체들 사이에서 가장 치열하게 벌어진다. 이들은 같은 장소에서 살고, 같은 먹이를 원하며, 같은 위험에 맞닥뜨리며 살아간다.

몽골에서 무인 카메라에 잡힌 눈표범. 희귀하고 눈에 잘 띄지 않는 곳에서 살아가는 눈표범은 매우 추운 지역에서 살아가는 삶에 아주 잘 적응했다.

기후는 생물에게 직접적으로 영향을 미치기도 한다. 심한 추위가 닥치면 건강이 가장 나쁘거나 먹이를 가장 적게 얻는 생물이 가장 큰 타격을 받는다. 북극 지방이나 눈으로 덮인 산꼭대기나 황량한 사막에서 벌어지는 생존 경쟁의 최대 강적은 거의 항상 기후이다.

개체군 증가를 방해하는 또 한 가지 억제는 질병이다. 아주 좋은 조건에서 살아가는 종은 좁은 지역에서 크게 증가할 수 있다. 이런 일이 일어날 때 전염병이 발생해 개체군 내에 크게 퍼지는 경우가 많다. 개체군 증가를 방해하는 이러한 억제는 개체들 간의 생존 경쟁과는 별개로 일어난다.

전투 속의 전투

같은 장소에서 경쟁하며 살아가는 자연계의 생물들 사이에는 복잡하고 예상 밖의 관계들이 많다. 여기서 나는 한 가지 사례만 소개하려고 한다. 이것은 단순한 것이지만 내가 큰 흥미를 느낀 사례이다.

스태퍼드셔주에 있는 내 장인의 사유지에는 넓고 매우 황량한 황야가 있는데, 이곳은 인간의 손길이 전혀 닿은 적이 없는 곳이다. 그런데 25년 전에 똑같은 종류의 황야 수백 에이커에 울타리를 치고 유럽소나무를 심었다. 그러자 소나무를 심은 지역의 식물상에 아주 놀라운 변화가 일어났다.

소나무 조림지에서는 황야에 서식하던 식물들의 개체군 크기가 변했을 뿐만 아니라, 인간의 손길이 닿지 않은 황야에서는 볼 수 없었던 새로운 식물 열두 종이 번성했다. 곤충에 미친 영향은 이보다 더 큰 것으로 보인다. 곤충을 잡아먹고 사는 새 여섯 종은 소나무 조림지에서 아주 흔하게 볼 수 있었지만 황야에서는 볼 수 없었고, 그 대신에 곤충을 잡아먹고 사는 다른 새 두세 종이 황야에서 발견되었다. 여기서 우리는 유럽소나무라는 단 한 종의 나무를 들여온 사건이 얼마나 큰 변화를 초래했는지 볼 수 있다. 이것 외에 소나무 조림지의 차이점이라곤 소를 막기 위해 울타리를 친 것뿐이었다.

울타리도 생존 경쟁에서 중요한 요소가 된다. 나는 언덕 꼭대기에 늙은 유럽소나무가 몇 군데 무리 지어 자라는 또 다른 황야 지역에서 그 효과를 분명히 목격했다. 지난 10년 사이에 이 황야 중 넓은 지역에 울타리가 쳐졌다. 그러자 이제 소나무들이 곳곳에서 아주 많이 자랐지만, 서로 간의 간격이 너무 촘촘해 모두가 다 살아남을 수 없게 되었다.

이 소나무들이 사람이 심은 것이 아니라 자연적으로 생겨났다는 사실을 안 나는 그 수에 깜짝 놀랐다. 나는 울타리를 치지 않은 황야 수백 에이커를 볼 수 있는 곳을 여러 군데 찾아가 살펴보았다. 울타리를 치지 않은 황야에서는 언덕 꼭대기에 이전부터 서식하던 무리를 제외하고는 유럽소나무를 단 한 그루도 볼 수 없었다. 그러나 울타리를 치지 않은 황야에서 자라는 식물 줄기들 사이를 자세히 살펴보았더니 유럽소나무 묘목과 작은 나무들을 다수 발견할 수 있었는데, 소들이 이 나무들을 끊임없이 먹어 치우고 있었다.

유럽소나무 군락지에서 약 90m쯤 떨어진 황야 약 1m에서 자라는 작은 나무를 세어 보았더니 모두 32그루였다. 그중 하나는 나이테로 판단하건대 26년 동안 황야의 풀줄기들 위로 머리를 내밀려고 노력했지만 실패한 것으로 드러났다. 황야 중 일부 지역에 울타리를 쳐서 소가 들어오지 못하게 막자마자, 활기차게 자라는 어린 소나무들이 금방 무성해진 것은 놀

다윈은 울타리와 소가 이곳과 같은 황야를 어떻게 변화시키는지 알기 위해 나무와 묘목을 세면서 많은 시간을 보냈다.

라운 일이 아니다.

자연계의 관계들은 대부분 이것처럼 간단하지가 않다. 전투 속의 전투는 끊임없이 계속 이어지지만, 결국에는 이 힘들이 절묘하게 균형을 이루어 자연의 얼굴은 오랫동안 똑같은 모습을 유지한다.

클로버와 고양이

클로버와 고양이는 복잡한 관계 그물을 통해 서로 묶여 있는 식물과 동물의 관계를 보여 주는 또 하나의 예이다.

많은 식물에는 곤충이 필요한데, 바로 수분受粉 때문이다. 내가 직접 한 실험들에서 야생 팬지와 몇 종류의 클로버는 수분을 하는 데 뒤영벌이 꼭 필요하다는 사실이 드러났다. 클로버의 한 종류인 붉은토끼풀은 '오직' 뒤영벌만이 수분을 도울 수 있는데, 다른 곤충들은 그 꿀에 다가가지 못하기 때문이

곤충은 꽃 속의 꿀을 빨아 먹으면서 한 식물에서 다른 식물로 꽃가루를 옮김으로써 식물의 수분을 돕는다.

『종의 기원』에서 다윈은 뒤영벌을 뜻하는 영어 단어에 'bumblebee' 대신에 'humble-bee'를 썼는데, 이것은 옛날에 사용하던 이름이다.

다. 따라서 만약 뒤영벌이 아주 희귀해지거나 멸종한다면, 야생 팬지와 붉은토끼풀도 아주 희귀해지거나 멸종할 수 있다.

어느 지역에 서식하는 뒤영벌의 수는 북숲쥐(영국에 많이 서식하는 붉은쥐의 한 종류—옮긴이)의 수에 큰 영향을 받는데, 쥐가 뒤영벌의 벌집과 둥지를 파괴하기 때문이다. 그리고 모두가 잘 알듯이, 쥐의 수는 고양이의 수에 크게 영향을 받는다.

어느 관찰자는 벌집이 시골 지역보다는 도시 인근에 더 많다고 지적했는데, 이는 도시 사람들이 고양이를 많이 기르기 때문이다. 고양이가 많을수록 쥐가 적고, 쥐가 적을수록 벌이 많아진다. 그리고 벌이 많으면 특정 식물의 수분이 더 활발하게 일어난다. 고양이가 많은 지역 사회는 다른 지역 사회보다 부근에 야생 팬지와 붉은토끼풀이 더 많이 자랄 가능성이 높다.

모든 종은 성장 단계와 계절과 사는 장소에 따라 갖가지 제약에 맞닥뜨린다. 그중 한두

붉은토끼풀의 꿀을 빨아 먹는 뒤영벌.

고양이는 벌집을 파괴하는 쥐를 죽임으로써 간접적으로 벌을 돕는다.

가지가 나머지 제약들보다 더 강력한 영향을 미칠 수 있지만, 이것들이 모두 합쳐져 살아남는 평균적인 개체수를(그리고 심지어 그 종의 존속 여부까지) 결정한다.

강기슭에 복잡하게 얽혀 자라는 식물과 덤불을 볼 때, 우리는 종의 다양성과 각 종의 개체수는 순전히 우연히 결정된다고 생각하기 쉽다. 그러나 이것은 아주 잘못된 생각이다! 그렇게 얽혀서 자라는 식물의 모습은 수많은 생물의 상호 작용이 빚어낸 결과이다.

숲을 없애면 그 자리에 완전히 다른 식물들이 자라난다. 빨리 자라는 잡초와 야생화, 묘목이 맨 먼저 나타난다. 크고 생장 속도가 느린 나무들이 다시 자리를 잡기까지는 몇 세대가 걸릴 수도 있다. 미국 남동부 지역에 살던 인디언은 수백 년 전에 흙 둔덕을 쌓기 위해 그곳에 자라던 나무를 모두 베어 냈다. 그런데 오늘날 일부 둔덕에 생긴 숲은 오래된 나무들이 자라는 주변의 숲과 동일한 다양성과 식물 분포를 보여 준다. 이것은 이 둔덕들에서 새로 생겨난 식물상이 많은 단계를 거치며 서서히 변해 왔다는 것을 의미한다.

이 둔덕들에서는 종류가 다른 나무들이 각각 매년 수천 개씩 씨를 뿌림에 따라 수백 년 동안 치열한 경쟁이 일어났을 것이다. 둔덕이 다시 성숙한 숲으로 변할 때까지 서로를 잡아먹으면서 개체수를 늘리려고 애쓴 곤충과 달팽이, 새, 맹수, 그 밖의 동물들 사이에, 그리고 나무들과 그 씨들과 묘목들, 혹은 처음에 땅을 뒤덮었던 다른 식물들 사이에 얼마나 치열한 전쟁이 벌어졌겠는가!

깃털을 한 줌 집어 공중으로 던지면, 물리학 법칙에 따라 모든 깃털이 땅으로 떨어진다. 각각의 깃털이 떨어지는 방식을 알아내는 것은 옛날 인디언의 유적지에 수백 년에 걸쳐 현재의 숲을 만들어 낸 수많은 동식물의 작용과 반작용에 비하면, 단순한 문제에 불과하다!

복잡한 관계망

모든 생물의 구조는 경쟁하거나 피해 도망치거나 잡아먹는 나머지 모든 생물과 밀접한 관계가 있다. 먹이를 잡고 찢는 데 도움을 주도록 적응한 호랑이의 이빨과 발톱에서 상호 연결된 이 그물을 볼 수 있다. 호랑이 몸의 털에 달라붙는 작은 기생충의 다리와 발톱에서도 그것을 볼 수 있다.

그러나 우리는 어떤 생물의 구조가 주변의 다른 생물들과 어떻게 연관됐는지 그 '모든' 방식을 쉽게 볼 수 없다. 아름답게 깃털이 달린 민들레 씨나 털이 많이 나고 납작한 물방개 다리를 볼 때, 이것들은 씨가 공중으로 두둥실 떠가고 물방개가 물속으로 잠수하는 데 도움을 주도록 적응한 특징이라는 것을 알 수 있다.

이러한 이점을 더 자세히 살펴보면, 이것들이 민들레와 물방개 주변의 모든 것과 긴밀하

물속에서 사냥을 하는 물방개.

이 민들레 씨들은 곧 다음번에 불어올 산들바람에 실려 두둥실 하늘로 날아오를 것이다.

게 상호 연결돼 있다는 사실을 알 수 있다.

깃털 탈린 민들레 씨의 이점은 땅이 이미 다른 식물들로 무성하게 뒤덮여 있을 때 극대화된다. 높이 그리고 멀리 날아가는 씨들은 널리 퍼질 가능성이 높으므로, 그중 일부는 다른 식물이 자리를 잡지 않은 땅에 떨어져 싹을 틔울 수 있다. 그리고 잠수하기에 알맞게 잘 적응한 물방개의 다리는 먹이를 두고 다른 수서 곤충과 경쟁하거나 포식 동물에게 잡아먹히지 않도록 도망가는 데 도움을 준다.

4장
적자생존

앞 장의 주제는 생존 경쟁이었다. 그러한 경쟁은 살아 있는 모든 종에 일어나는 자연적 변이에 어떤 영향을 미칠까?

1장에서 선택의 원리가 사람의 손에서 강력한 도구가 된다는 것을 보았다. 사람이 인도하는 손이 없더라도 같은 도구(선택)가 자연에서 작동할까? 나는 그렇다고 생각한다.

개개의 변이가 지닌 기묘한 특징과 유전의 힘을 명심하라. 모든 생물 사이, 그리고 생물과 환경 사이의 무한히 복잡하고 밀접한 관계들도 기억하라. 우리는 인간에게 유용한 변이들이 일어났다는 사실을 알고 있다. 수천 세대가 지나는 동안 다른 변이들―인간에게 유용한 것이 아니라, 거대하고 복잡한 생명의 전투에서 생물에게 유용한 것―도 자연적으로 나타난 게 확실하다.

살아남을 수 있는 것보다 훨씬 많은 개체가 태어난다는 사실도 기억하라. 만약 유용한 변이가 자연적으로 나타난다면, 아무리 사소한 것이라도 남들보다 유리한 특징을 지닌 개체가 살아남아 번식할 가능성이 더 높다는 사실을 의심할 수 있겠는가? 반면에 아무리 사소한 것이라도 해로운 변이는 가차 없이 파괴되고 말 것이다. 이렇게 유리한

히말라야산맥의 아름다운 산봉우리 아마다블람. 다윈은 산맥 같은 장벽이 종이 새로운 지역으로 이동하는 것을 어떻게 막는지 설명했다.

변이가 보존되고 해로운 변이가 도태되는 현상을 바로 '자연 선택'이라고 부른다.

소리 없이 보이지 않게 진행되는 작업

자연 선택은 어떤 물리적 변화(예컨대 기후 변화)가 일어나는 곳에서 가장 잘 볼 수 있다. 만약 어느 지역이 더 따뜻해지거나 추워진다면, 어떤 종은 개체수가 증가하는 반면 어떤 종은 감소할 것이고, 심지어 멸종하는 종도 있을 것이다. 우리는 어느 지역에 사는 종들이 서로 긴밀하고 복잡한 방식으로 연결돼 있다는 것을 보았기 때문에, 일부 종의 개체수 변화는 기후 변화 자체와는 별개로 많은 종에게 영향을 미칠 것이다.

만약 그 지역으로 들어가기가 쉽다면, 더 따뜻하거나 추운 기후에 잘 적응한 새 종들이 그곳으로 이동해 갈 것이다. 이것은 원래 그곳에 살던 종들의 관계를 추가로 교란시키는데, 단 한 종류의 나무나 포유류라도 이전에 살지 않던 장소로 새로 들어가면 강한 영향을 미치기 때문이다.

영국의 생물학자이자 철학자인 허버트 스펜서Herbert Spencer(1820~1903)는 다윈의 '자연 선택' 대신 쓸 수 있는 표현으로 '적자생존survival of the fittest'이라는 용어를 만들었다. 다윈은 1868년에 출간된 『종의 기원』 개정판에 이 용어를 추가했다. 적자생존은 자기가 처한 환경에 잘 적응하는 생물만이 살아남는다는 뜻이다.

그러나 적응력이 뛰어난 새로운 종류의 생물도 섬이나 장벽으로 둘러싸인 지역으로는 자유롭게 들어갈 수 없다. 그런 경우에는 원래 그곳에 살던 생물 중 일부가 시간이 지남에 따라 따뜻해지거나 추워진 새 기후 환경에 적응해 변할 수 있다. 나이를 먹으면서 생긴 작은 변화가 변화한 기후에 적응하는 데 도움이 된다면, 그것은 자손 세대들로 전달될 것이다. 자연 선택에는 자유로운 개선의 여지가 생긴다.

유리한 변이가 나타나지 않는다면, 자연 선택이 할 수 있는 일은 아무것도 없다. 그러나 나는 변이가 아주 많이 필요하다고는 생각하지 않는다. 인간은 개별적인 작은 차이를 계속 축적해 감으로써 큰 결과를 얻어 낸다. 자연도 똑같은 일을 하지만 훨씬 쉽게 하는데, 작업을 할 수 있는 시간이 인간과 비교할 수 없을 만큼 길기 때문이다. 인간은 오로지 자신의 이익을 위해서 선택한다. 자연은 오로지 자신이 돌보는 생물의 이익을 위해 선택한다. 인간의 소망과 노력은 얼마나 덧없는 것인가! 인간의 시간은 얼마나 짧은가! 전체 지질 시대를 통해 자연이 축적한 것과 비교하면, 인간이 얻은 결과는 얼마나 초라한가!

거의 눈에 보이지 않게 나무에 붙어 있는 나무껍질딱정벌레. 주변 배경에 섞여 몸을 '보이지 않게' 하는 이 적응 능력을 '보호색'이라 부른다.

매일 매 시간 전 세계 각지에서 자연 선택은 아무리 사소한 것이라도 모든 변이를 연구한다. 나쁜 것은 내치고, 좋은 것은 보존하고 축적한다. 각 종류의 생물을 생활 조건에 더 적합하게 만들 수 있다면, 자연 선택은 시간과 장소를 가리지 않고 소리 없이 그리고 보이지 않게 작용한다. 우리는 시간의 손이 시간의 오랜 경과를 흔적으로 남겨 알려 주기 전에는 이렇게 느리게 일어나는 변화를 전혀 볼 수 없다. 심지어 그런 흔적이 남은 경우에도 과거의 지질학적 시간을 들여다보는 우리의 시야는 불완전하다. 우리가 알 수 있는 것이라곤 현재 우리 주변에서 살아가는 생명 형태들이 먼 옛날에 살았던 것들과 다르다는 것뿐이다.

자연 선택은 우리가 중요한 것이 아니라고 여길 수도 있는 형질과 구조에 영향을 미치면서 오로지 각 생물의 이익을 위해 작용한다. 곤충이나 새의 몸 색깔을 생각해 보자. 잎을 먹는 곤충은 초록색이고, 나무껍질을 먹는 곤충은 얼룩덜룩한 회색인 경우가 많다. 각 종은 그들이 많은 시간을 보내는 표면의 색과 일치하는 색을 띠고 있다. 높은 지역에 사는 뇌조는 겨울에는 몸 색깔이 눈에 섞여 잘 보이지 않도록 흰색으로 변한다. 이와는 반대로 검은뇌조는 사는 곳의 토탄질 흙과 비슷한 색을 띠고 있다. 이러한 몸 색깔은 곤충과 새가 포식 동물의 공격을 피하는 데 도움을 주는 게 분명하다.

다윈이 말한 뇌조는 북아메리카에서만 사는 흰꼬리뇌조나 유라시아와 북아메리카에 사는 바위뇌조일 가능성이 있다. 두 종 모두 고산 지대에 사는 조류이다. 두 종은 고산 지역의 수목 한계선 위와 북극 지방 근처의 툰드라와 숲에서 살아간다. 두 종 모두 겨울에는 깃털이 흰색으로 변한다.

더 빠른 늑대

자연 선택의 작용 방식을 명확하게 설명하기 위해 가상의 예를 소개하려고 한다. 다양한 동물을 잡아먹는 늑대의 경우를 살펴보자. 늑대는 어떤 먹이는 살금살금 가까이 다가가 공격하고, 어떤 먹이는 힘으로, 어떤 먹이는 빠른 속력으로 사냥한다. 늑대에게 먹이가 가장 필요할 때, 가장 빠른 먹이인 사슴의 수가 크게 늘어났다고 가정해 보자. 반대로 더 느린 먹이 동물의 수가 줄어드는 경우를 생각해도 된다. 어느 쪽이건, 가장 빠른 늑대가 살아남을 가능성이 가장 높은데, 풍부한 먹이인 사슴을 사냥하는 데 성공할 확률이 가장 높기 때문이다. 따라서 빠른 늑대가 보존되고 선택될 것이다.

설사 늑대의 먹이가 증가하거나 감소하지 않더라도, 새끼 늑대는 특정 종류의 먹잇감을 선호하는 성향을 갖고 태어날 수 있다. 이런 성향은 고양이에게서 볼 수 있다. 어떤 고양이는 쥐를 사냥하는 반면, 어떤 고양이는 생쥐를 사냥한다. 또, 새를 사냥하는 고양이가 있는가 하면, 토끼를 사냥하는 고양이도 있다. 생쥐 대신에 쥐를 사냥하는 고양이의 성향은 새끼에게 전달되는 것으로 알려져 있다.

따라서 만약 새끼 늑대가 사슴을 쫓는 성향을 갖고 태어나고, 그 성향이 어떤 식으로든 늑대에게 도움이 된다면, 그 늑대는 살아남아 새끼를 낳을 가능성이 높다. 그 새끼들 중 일

겨울철의 늑대.

21세기의 자연 선택

이 메뚜기는 희귀한 유전자 돌연변이가 일어나 보통의 초록색 대신에 선홍색을 띠게 되었다.

찰스 다윈과 동료 박물학자 앨프리드 러셀 윌리스는 진화(혹은 다윈의 표현을 빌리면, '변화를 동반한 대물림')가 '어떻게' 일어나는지 최초로 설명했다. 각자 독립적으로 연구한 끝에 두 사람은 기존의 종에 일어난 변화를 통해 새로운 종이 나타나는 메커니즘을 똑같이 발견했다.

다윈은 이 메커니즘을 '자연 선택'이라 불렀고, 『종의 기원』에서 자세히 설명했다. 다윈은 선택이 진화의 엔진이라고 보았다. 선택에는 자연 선택의 한 종류인 성 선택도 포함된다. 성 선택은 생물이 짝을 찾고 유혹하거나 짝을 놓고 경쟁하는 데 도움이 되는 특징을 변화시키고 개선한다. 수컷 극락조가 우아한 꽁지깃을 가진 것이나 암컷이 그런 꽁지깃을 좋아하는 경향은 모두 성 선택의 결과이다.

오늘날에도 과학자들은 여전히 선택의 복잡한 작용을 연구하고 있다. 그들은 진화를 추진하는 다른 힘들에 대해서도 많은 것을 알아냈다. 중요한 힘 몇 가지는 돌연변이와 유전자 이동, 유전자 부동이다.

돌연변이는 생물의 세포 속에 들어 있는 유전 물질인 DNA에 일어나는 변화를 말한다. 돌연변이는 세포가 둘로 분열할 때 일어날 수 있다. 이 과정에서 DNA가 정확하게 복제되지 않으면 돌연변이가 생긴다. 방사선 같은 외부 요인도 돌연변이를 일으킬 수 있다. 모든 돌연변이가 자손에게 전달되는 것은 아니다. 그러나 생식 세포의 DNA에 돌연변이가 일어난다면, 그것은 다음 세대에 대물림된다. 돌연변이는 임의적으로 일어난다. 돌연변이는 해당 생물과 그 자손에게 도움이 될 수도 있고 해가 될 수도 있다. 또, 그 생물의 적합도와 생존에 전혀 영향을 미치지 않을 수도 있다.

유전자 이동은 어떤 개체군에 새로운 유전 물질이 흘러드는 것을 말한다. 한 예는 알래스카에서 볼 수 있는데, 집에서 기르던 순록이 탈출해 야생 카리부 무리와 합류하면 양쪽의 유전자 풀이 섞이게 된다. 벌이나 바람이 한 정원에서 다섯 블록 떨어진 다른 정원으로 꽃가루를 옮길 때에도 유전자 이동이 일어난다. 유전자 이동은 개체군 내에서 유전적 변이를 증가시킴으로서 자연 선택이 손댈 수 있는 재료를 더 많이 만들어 낸다.

유전자 부동은 어떤 개체군의 유전자 구성에 임의적으로 생기는 변화를 말한다. 이것은 운이나 우연의 결과로 일어날 수 있다. 단순히 일부 개체가 다른 개체들보다 자손을 더 많이 남김으로써 이들이 가진 형질이 개체군 내에서 널리 퍼질 수 있다. 개체군 크기가 갑자기 크게 줄어들면, 유전자 부동이 빠르게 일어날 수 있다. 개체수가 많던 코끼리 무리가 밀렵 때문에 몇 마리만 남는 경우라든가, 산불이 난 뒤에 나무들이 살아 있는 장소가 한 군데만 남는 경우가 그런 예이다. 그러면 개체군 내에서 살아남은 이 개체들의 형질이 우세해지는데, 자연 선택이 그 생물의 적응을 위해 그것을 '선택'해서 그런 것이 아니라, 전체적으로 유전적 변이가 적어서 그런 일이 일어난다.

기후나 서식지 파괴, 환경 변화, 심지어 사고 같은 조건도 종을 별개의 집단들로 쪼갤 수 있다. 예를 들면, 수백만 년 전에 일부 원숭이 조상들은 아프리카를 탈출해 남아메리카로 건너갔는데, 아마도 물 위에 떠다니는 식물을 타고 갔을 것이다. 남아메리카와 아프리카에 사는 원숭이 개체군들은 더 이상 서로 유전 물질을 함께 나눌 수 없게 되었고, 그래서 두 대륙에서 서로 완전히 다른 원숭이 집단이 진화하게 되었다.

부는 같은 성향을 물려받을 것이다. 세대가 지나면서 이런 일이 반복되면 아주 빠른 늑대 변종이 새로 생겨날 수 있는데, 이 늑대는 사슴을 사냥하는 데 특히 유리할 것이다. 이 변종은 부모 형태를 대체하거나 부모 형태와 공존할 것이다.

나는 미국 캐츠킬산맥에서 실제 사례를 발견했다는 이야기를 들었는데, 이곳에는 두 늑대 변종이 살고 있다. 하나는 체격이 호리호리하고 그레이하운드와 비슷한 모습을 하고 있으며, 주로 사슴을 잡아먹는다. 또 하나는 체격이 건장하고 다리가 더 짧은데, 양 떼를 공격하는 경우가 많다.

장소와 시간

자연 선택에 유리하거나 불리한 환경은 어떤 것일까? 새로운 종류의 생물은 어디서, 그리고 어떻게 나타날 가능성이 높을까?

여기서 다윈이 말한 '장소 place'는 오늘날 과학자들이 '생태적 지위niche'라고 부르는 개념에 해당한다. 생태적 지위는 어떤 종이 자신이 사는 생태계에서 차지하는 지위나 역할을 뜻한다. 즉, 주어진 생태계에서 해당 생물이 먹이와 거처를 찾고, 생식을 하고, 다른 생물과 상호 작용하는 방식을 모두 포괄하여 이르는 말이다.

나는 새로운 종류의 생물을 많이 낳기에 가장 유리한 장소는 수백만 년의 세월이 지나는 동안 변화가 많이 일어나는 큰 대륙 지역이라는 결론을 얻었다. 산맥을 밀어 올리는 움직임 같은 지구 내부의 힘들이 땅을 들어 올린다─그리고 결국에는 다시 땅을 낮출 수도 있다. 해수면이 높아지면 많은 땅이 바다에 잠긴다. 해수면이 높을 때에는 큰 대륙 지역들이 오랫동안 섬들로 분리된 채 남게 된다. 그리고 해수면이 낮아지면, 섬들이 다시 큰 대륙의 일부로 합쳐진다.

어떤 지역이 대륙으로 남아 있을 때에는 그곳에 많은 종이 서식한다. 그 지역이 여러 섬으로 갈라지면, 어떤 종에 속한 개체들이 각각의 섬에 따로 분리된 채 살아가면서 다른 섬의 개체들과 더 이상 교배할 수 없게 된다. 한 섬에 변이가 나타날 때마다 그것은 그 섬에서는 퍼져 나가지만, 그 밖으로는 퍼져 나가지 못한다. 외부에서 들어오는 동물과 식물도 거의 또는 전혀 없으므로, 각 섬에서 텅 빈 장소들은 시간이 지나면 기존 생물들이 새롭게 적응한 형태들로 가득 채워질 것이다.

섬들이 다시 대륙과 합쳐지면, 많은 개체들과 종들이 서로 접촉하면서 경쟁이 심해진다. 가장 우수한 특징을 가진 종이 널리 퍼져 나갈 것이다. 덜 우수한 특징을 가진 종은 멸종할

미국 뉴멕시코주 차코문화국립역사공원에 있는 메너피 지층은 한때 이곳을 흘러가던 강들에 의해 수백만 년에 걸쳐 만들어진 암석층들이다.

수도 있다. 새로운 대륙에서 각 종의 개체수는 다른 종들의 개체수에 영향을 받으며 변할 것이다. 이 모든 변화는 새로운 기회를 만들어 낸다. 이것은 자연 선택이 기존의 종을 개선하고 새로운 종을 만들 수 있도록 공평한 기회의 장을 제공한다.

　자연 선택은 항상 아주 느리게 작용한다. 자연 선택의 작용은 기존의 종에 속한 형태들 대신에 새롭게 변하거나 적응한 형태들이 자리 잡기에 더 유리한 장소가 자연의 경제에 존재하는지 여부에 따라 크게 달라진다. 그런 장소들은 바로 앞에서 이야기한 것처럼 아주 느리게 일어나는 물리적 환경 변화로 만들어지는 경우가 많다. 산맥이나 큰 강 같은 장애물도 생태적 지위들을 만들어 낼 수 있고, 외부의 형태들이 그곳으로 들어와 생태적 지위들을 채우지 못하도록 방해할 수 있다.

다윈은 '자연의 경제economy of nature'(혹은 '자연의 정치 형태polity of nature')라는 용어를 생물들과 그 환경 사이의 모든 관계를 뭉뚱그려 일컫는 뜻으로 사용했다. 오늘날의 용어로 바꾼다면 '생태계'에 가깝다.

무엇보다도 자연 선택은 변이를 통한 일부 종의 변화에 의존해 일어나는데, 이것은 분명히 항상 아주 느리게 일어나는 과정이다. 만약 변화가 일어난 개체가 늘 같은 변화를 공유한 개체들과 교배하는 대신에, 자신의 세력권 밖에서 살아가는 개체들이나 외부에서 새로온 개체들과 교배한다면, 그 과정은 더욱 느리게 일어난다.

많은 사람은 이런 이유들은 자연 선택의 작용을 완전히 멈추기에 충분하다고 소리 높여 주장할 것이다. 나는 그렇게 생각하지 않는다. 자연 선택은 항상 아주 느리게 작용하고, 아주 긴 시간에 걸쳐 작용하는 경우가 많으며, 일반적으로 같은 지역에 사는 개체들 중 동시에 그 작용이 미치는 것은 극소수뿐이다. 이렇게 느리고 간헐적인 자연 선택의 작용은 지구의 생물들이 오랜 시간 동안 어떻게 변해 왔는지 지질학이 말해 주는 것과 완벽하게 일치한다. 이것은 9장에서 자세히 다룬다.

선택의 과정은 이처럼 아주 느리지만, 인간은 인위 선택의 힘을 사용해 대단한 일을 이룰 수 있다. 오랜 시간에 걸쳐 자연 선택의 힘을 통해 일어나는 훨씬 큰 변화의 양과, 모든 생명체가 서로에게 적응하고, 또 물리적 생활 조건에 적응하는 방식의 아름다움과 무한한 복잡성은 한계가 없는 것처럼 보인다.

형질 분기

비슷한 형태들도 시간이 지나면 자연 선택의 작용으로 점점 차이가 커진다. 달리 표현하면, 유연관계가 가까운 형태들 사이에 차이의 양이 증가하는 것은 자연 선택의 한 가지 효과이다. 나는 이것을 '형질 분기'라고 부른다. 이 개념은 내 이론에서 아주 중요하다.

종들 사이의 차이보다는 변종들 사이의 차이가 더 작지만, 내 이론에 따르면 변종은 만들어지는 과정에 있는 종이다. 변종들 사이의 작은 차이가 어떻게 커져서 종들 사이의 큰 차이로 변할까?

늘 그랬던 것처럼 가축의 사례에서 그 단서를 찾아보자. 옛날에 어떤 사람은 더 빠른 말을 좋아했던 반면, 또 어떤 사람은 더 튼튼하고 건장한 말을 좋아했다고 가정해 보자. 처음에 두 말의 차이는 아주 미미했을 것이다. 그러나 시간이 지나면서 일부 품종 개량가는 더 빠른 말을 선택하고 다른 품종 개량가는 더 튼튼한 말을 선택함에 따라 그 차이는 점점 커져 갔다.

그렇게 수백 년이 지나자 두 종류의 말은 완전히 구별되는 두 품종으로 변했다. 그 수백 년 동안 아주 빠르지도 않고 아주 튼튼하지도 않은 말들은 도외시되었고, 그래서 이 열등한 말들은 사라져 갔을 것이다. 여기서 우리는 인위 선택에서도 형질 분기 원리가 작용하는 것을 본다. 이것은 처음에는 거의 눈에 띄지 않던 차이를 점점 더 뚜렷한 차이로 변하게 하다가 결국 공통 부모로부터 서로 다른 품종들이 분기하게(갈라져 나가게) 만든다.

자연에도 같은 원리가 적용될까? 나는 단순한 한 가지 이유 때문에 이 원리가 적용되며, 그것도 아주 효율적으로 적용된다고 믿는다. 자연 선택은 형질 분기 원리를 따를 수밖에 없는데, 어떤 종의 자손들이 더 종류가 많고 다양해질수록 자연의 경제에서 차지할 수 있는 생태적 지위가 그만큼 많아지고 개체수가 크게 늘어날 수 있기 때문이다.

단순한 습성을 가진 동물들에서 이것을 분명히 볼 수 있다. 여우 같은 육식 포유류의 사례를 살펴보자. 어떤 지역에 사는 여우 개체군이 먹잇감이 부양할 수 있는 최대한의 크기에 이르면, 이제 여우 개체수가 더 증가할 수 있는 방법은 새로운 세대들이 다른 동물들이 이미 차지하고 있는 생태적 지위로 진출하는 것밖에 없다. 이것은 일부 여우 자손은 죽은 것이건 산 것이건 새로운 종류의 먹이를 먹고 살아야 한다는 뜻이다. 일부 여우는 나무 위

클라이즈데일은 튼튼한 일말이다(위).
이 암컷 아랍종은 민첩함으로 유명한 말 품종에서 유래했다(아래).

이 새끼 여우의 어미는 속이 빈 나무에서 새끼를 키운다. 여우는 나무를 기어오를 수 있는데, 다윈은 일부 여우는 필요하다면 나무에서 사냥을 할지도 모른다고 생각했다.

로 기어 올라가거나 습지에서 먹이를 찾으면서 새로운 방식으로 살아가고 사냥할 수도 있다. 일부 여우는 고기 외에 다른 것으로 먹이를 확대할 수도 있다.

여우 자손의 신체 구조와 습성이 다양해질수록 차지하는 생태적 지위가 더 확대된다. 그리고 여우에게 적용되는 것은 모든 동식물에게도 적용될 것이다.

구조가 다양할수록 생물의 수를 최대한 늘리는 데 도움이 된다. 아주 좁은 지역, 특히 새로운 동식물이 자유롭게 들어갈 수 있는 곳에서는 개체들 간의 경쟁이 매우 치열할 수밖에 없다. 이런 장소에 서식하는 생물은 항상 아주 다양하다.

나는 다년간 정확하게 똑같은 조건에 노출된 가로 90cm, 세로 120cm의 땅에서 20종의 식물이 살아가는 것을 발견했다. 이들 식물이 서로 얼마나 다른가 하는 것은 20종이 속한 속과 목의 종류가 각각 18속과 8목이라는 사실에서 알 수 있다. 작은 섬과 작은 민물 연못처럼 고립된 환경에서 살아가는 동식물도 이 식물들처럼 다양성이 크다.

어떤 종에 변화가 일어났을 때, 그 후손은 다양성이 클수록 성공할 가능성이 더 높다고 가정할 수 있다. 이 형질 분기 원리는 자연 선택과 멸종 원리와 어떻게 결합해 작용할까?

나는 각 지역에서 일부 속에는 다른 속보다 더 많은 종이 있다는 사실을 발견했다. 또, 더 큰 속에 포함된 종들에는 새로운 종의 시작을 알리는 변종이 아주 흔하다는 것도 보았다. 이것은 충분히 예상할 수 있는 일이다. 자연 선택은 생존 경쟁에서 다른 형태보다 이점이 있는 형태에 의존해 일어나기 때문에, 이미 이점을 일부 갖고 있는 형태에 주로 작용할 것이다. 만약 어떤 속에 아주 많은 종이 있다면, 이 종들은 공통 조상으로부터 어떤 이점을 물려받은 게 틀림없으며, 그런 이점은 처음에는 개체수를 늘리는 데 도움을 주었다가 그 개체군을 분기하게 만들고, 결국 독립적인 종으로 변해 가게 했을 것이다.

이런 연못—다윈이 연구한 작고 고립된 그 밖의 환경들과 함께—에는 아주 다양한 종들이 개체군을 이루어 살아간다.

미래를 내다본다면, 현재 종수가 많고 멸종을 가장 적게 겪은 동식물 집단이 장기간 계속 증가할 것이라고 예측할 수 있다. 어떤 집단이 마지막에 승리할지는 아무도 예측할 수 없는데, 큰 집단도 이미 많이 멸종했다는 사실을 우리는 알고 있기 때문이다. 그러나 더 큰 집단들은 꾸준히 증가하는 반면, 더 작은 집단들 중 다수는 자손을 전혀 남기지 못하고 완전히 멸종할 것이라고 예측할 수 있다.

거대한 생명의 나무

자연 선택이 다양한 생명 형태를 변화시키고 적응시키면서 실제로 자연에서 작용하는지 여부는 이어지는 장들에서 제시한 증거들을 바탕으로 판단해야 한다. 그러나 우리는 자연 선택의 작용은 일부 종의 멸종을 수반한다는 것을 이미 보았고, 지질학은 지구 역사에서 얼

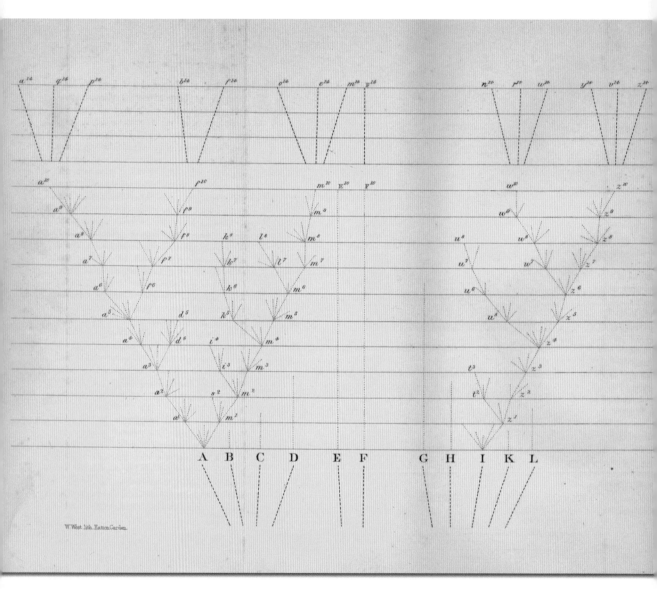

종들이 가지를 치며 뻗어 나가는 이 다이어그램은 『종의 기원』 초판에 유일하게 포함된 삽화이다.

마나 많은 종이 멸종했는지 분명히 보여 준다.

모든 시간과 공간에 걸쳐 모든 동식물이 서로 관련이 있다는 것은 정말로 경이로운 사실이다. 다양한 생명 형태들 사이의 관계는 가끔 거대한 나무로 표현되었다. 나는 이 이미지가 대체로 진실을 말해 준다고 믿는다. 새순이 돋아나는 초록색 잔가지들은 현재 존재하는 종들을 나타낸다. 지나간 해에 생겨난 마른 잔가지들은 멸종한 종들의 긴 계열을 나타낸다.

각각의 생장 시기에 모든 잔가지는 주변의 잔가지와 가지를 압도하고 죽이면서 사방으로 뻗어 나가려고 노력했다. 종과 속과 과가 살아남기 위한 거대한 전투에서 남들을 압도하려고 한 것처럼 말이다. 지금 큰 가지들(이것들은 다시 점점 더 작은 가지들로 갈라져 나간다)로 갈라져 나간 줄기들은 나무가 아직 작던 시절에는 새순이 돋아나던 잔가지들이었다. 이렇게 계속 가지들이 갈라져 나가는 줄기들 사이에서 오래된 새순과 새로운 새순의 연결 관계는 멸종했거나 살아 있는 모든 종들의 분류를 잘 나타낼 수 있다.

나무가 작은 관목에 불과했을 때에는 많은 잔가지가 번성했다. 지금은 그중 일부만이 큰 가지로 성장하고 살아남아 나머지 모든 가지를 낳는다. 이것은 먼 과거의 지질 시대 동안 살았던 종들과 같다. 그중 극소수만이 오늘날 살아 있는 후손을 남겼다. 나무가 처음 생장을 시작한 이래 많은 줄기와 가지가 죽고 떨어져 나갔다. 이렇게 사라진 가지들은 오늘날 살아 있는 후손이 전혀 없고 오로지 화석으로만 그 존재가 알려진 목과 과, 속을 대표한다.

순은 자라면서 새순을 낳고, 건강하고 튼튼하다면 사방으로 가지를 뻗어 나가면서 약한 가지들을 압도할 수 있다. 그래서 나는 죽거나 부러진 가지로 지각을 채우고, 영원히 갈라져 나가는 아름다운 가지들로 지표면을 뒤덮는 거대한 생명의 나무에도 똑같은 일이 일어났다고 믿는다.

5장
말의 줄무늬

우리는 변이가 왜 생기는지 알지 못한다. 그러나 우리는 여기저기서 희미한 빛줄기를 볼 수 있고, 아무리 사소한 것이라도 각각의 변이에는 어떤 원인이 있다고 확신한다.

나는 1장에서 유전을 지배하는 법칙들은 전혀 알려지지 않았다고 말했다. 예를 들면, 긴 코 같은 특징이 어떻게 어머니에게서 아이에게 전달되는지, 또는 왜 그 여성의 자식들 중 일부는 긴 코를 물려받는 반면에 다른 아이들은 물려받지 않는지 우리는 모른다. 자연에서 일어나는 변이도 마찬가지다. 그것을 지배하는 어떤 법칙들이 있는 건 분명하지만, 우리는 그것을 알지 못한다. 그러나 이 장에서 논의할 변이의 패턴은 자연 선택이 작용하는 흔적을 보여 준다.

어떤 변이가 그 생물에게 아주 약간만 도움이 될 경우, 그 변이의 원인에 자연 선택의 축적 효과가 기여한 정도가 얼마이고, 생활 조건이 기여한 정도가 얼마인지 알 수 없다. 같은 종이라도 추운 곳에서 살아가는 동물의 털이 더 촘촘하다. 자연 선택이 많은 세대에 걸쳐 촘촘한 털을 가진 개체를 선호한 결과가 이 차이를 빚어내는 데 얼마나 기여했을까? 또 혹독한 기후가 개체의 털을 더 무성하게 자라게 하는 방법으로 개체에 직접 미친 영향이 기여한 부분은 얼마나 될까?

레밍이라는 작은 설치류 중 일부 종은 북극 지방 근처에 사는데, 털이 두껍고 촘촘한 것으로 유명하다. 다윈은 레밍의 촘촘한 털이 유전되는 것인지, 아니면 사는 장소의 추위 때문에 발달하는 것인지 궁금해했다.

완전히 다른 생활 조건에서 살아가는 같은 종의 개체들에게 똑같은 변이가 나타나는 사례들도 있다. 또 똑같은 조건에서 살아가는 개체들에게 서로 다른 변이가 나타나는 사례들도 있다. 이런 사례들을 통해 나는 생활 조건은 변이에 별다른 영향을 미치지 않는다고 생각하게 되었다. 그러나 자연 선택은 아무리 작은 것이더라도 유용하기만 하다면 모든 변이를 축적시키며, 그런 변이가 발달해 가다가 마침내 뚜렷한 특징으로 나타나게 된다.

날지 못하는 새

많은 동물은 불용不用으로 설명할 수 있는 특징을 지니고 있다. 날개가 너무 작거나 약해서 날지 못하는 새를 생각해 보자. 한 예로 남아메리카에 사는 먹통오리(큰붕어오리)가 있는데, 이 새는 날개를 퍼덕이며 수면 위를 떠다니는 데 그친다. 날지 못하는 새들의 날개가 위축된 것은, 자연 선택은 항상 낭비를 피해 경제적으로 작용한다는 일반적인 원리에 따라 일어난 일이다.

생활 조건에 어떤 변화—예컨대 포식 동물이 살지 않는 섬으로 이주—가 일어나 날개가 새의 생존에 별 쓸모가 없게 되었다고 가정해 보자. 새로운 환경에서 자연 선택은 날개를 조금 더 작게 만드는 변이를 선호할 텐데, 새가 쓸모없는 신체 부위를 만드는 데 낭비되는 영양분을 줄일 수 있기 때문이다.

다윈이 '먹통오리'라고 부른
큰붕어오리.

그렇다면 섬에 살지 않는데도 날지 못하는 새는 어떻게 설명할 수 있을까? 타조는 아프리카 대륙에서 맹수들과 맞닥뜨리며 살아간다. 타조는 하늘로 날아오르는 방법으로 맹수를 피할 수는 없지만, 발길질로 적과 맞서며 자신을 지킨다. 따라서 많은 세대가 지나는 동안 자연 선택이 타조의 몸을 더 크고 무겁게 만들면서 타조는 다리를 더 많이 사용하고 날개를 덜 사용하게 되어 마침내 날지 못하게 되었을 것이라고 상상할 수 있다.

동굴에 사는 동물들

일부 조류가 비행 능력을 잃은 것처럼 땅속에서 살아가는 일부 동물은 시력을 잃었다. 두더지와 땅굴 속에서 사는 일부 설치류는 눈이 제대로 발달하지 않았다. 눈이 피부와 털에 완전히 덮여 있는 사례도 있다. 이것은 필시 불용으로 인한 점진적 위축에다가 자연 선택의 작용이 더해진 결과일 것이다.

남아메리카에는 땅굴 속에서 살아가는 투코투코라는 설치류가 있는데, 땅속에서 살아가는 생활 습성은 두더지를 능가한다. 나는 투코투코를 자주 잡는 사람에게서 투코투코의 눈이 먼 경우가 많다는 이야기를 들었다. 나도 한 마리를 기른 적이 있는데, 분명히 눈이 멀어 있었다. 그 투코투코가 죽은 뒤, 나는 투코투코의 시력 상실이 눈을 덮은 막에 생긴 염증 때문에 일어났다는 결론을 얻었다.

동부두더지*Scalopus aquaticus*는 겉으로 드러난 눈이 없어도 땅속에서 살아가는 데 아무 불편이 없다. 피부밑에 제대로 발달하지 않은 눈이 있는데, 아마도 이걸로 빛을 감지할 수 있을 것이다.

더듬이가 아주 긴 동굴귀뚜라미는 동굴 생활에 적응한 귀뚜라밋과 동물이다.

눈에 자주 일어나는 염증은 어떤 동물에게나 해롭다. 땅속에서 살아가는 동물에게는 눈이 꼭 필요한 것은 아니다. 눈 크기가 줄어들고 눈꺼풀이 들러붙고 털이 자라 그 위를 덮으면, 염증을 예방하는 데 도움이 될 수 있다. 만약 그렇다면, 자연 선택은 계속해서 불용의 효과를 부추길 것이다.

세상에서 눈먼 동물(게, 쥐, 곤충을 포함해)이 가장 많이 모여 사는 장소 두 곳은 중앙유럽의 오스트리아와 미국 켄터키주에 있는 동굴들이다. 기후가 엇비슷한 이 깊숙한 석회암 동굴들보다 생활 조건이 더 비슷한 곳들은 생각하기 어렵다. 하나는 북아메리카에 또 하나는 유럽에 자리한 이 두 동굴에서 눈먼 동물들이 각자 따로 생겨났다고 한다면, 이들이 서로 아주 비슷할 것이라고 예상하기 쉽다. 그러나 실제로는 그렇지 않다. 유럽의 동굴에 사는 곤충과 북아메리카의 동굴에 사는 곤충의 관계는 유럽의 다른 동물들과 북아메리카의 다른 동물들의 관계보다 가깝지 않다.

내 이론은 다른 설명을 제시한다. 보통 시력을 가진 아메리카의 동물들이 여러 세대에 걸쳐 천천히 바깥 세계에서 켄터키주의 동굴 속으로 점점 더 깊이 이동했다고 가정해 보자. 유럽의 동물들 역시 오스트리아의 동굴 속으로 똑같이 이동했다. 실제로 이런 일이 일어났다는 증거가 몇 가지 있다. 동굴 입구 가까이에서 사는 동물들은 바깥에서 살아가는 정상적인 동물들과 큰 차이가 없다. 더 깊은 곳에서 사는 동물들은 어두운 곳에서 살아가도록 적응했다. 그리고 가장 깊은 곳에서 사는 동물들은 완전한 어둠 속에서 살아가야 한다.

수많은 세대가 지난 뒤, 어떤 종이 동굴에서 가장 깊숙한 곳에 다다를 때쯤에는 그 종의 눈은 불용의 효과가 누적되어 사실상 없는 것이나 다름없게 된다. 자연 선택은 그와 함께 흔히 다른 변화도 낳는데, 곤충의 경우에는 시력 상실을 보완하기 위해 더듬이가 더 길어진다.

더듬이는 주변을 감지하는 돌기 모양의 기관이다. 더듬이가 길수록 주변 환경을 더잘 감지할 수 있다.

내 이론에 따르면, 아메리카의 동굴 동물과 아메리카의 다른 동물 사이에 밀접한 연관 관계가 있고, 유럽의 동굴 동물과 유럽의 다른 동물 사이에도 밀접한 연관 관계가 있으리라고 예상할 수 있다. 나는 미국의 일부 동굴 동물과 주변의 동물 사이에 실제로 그런 관계가 있다는 이야기를 들었으며, 유럽의 일부 동굴 곤충은 주변 지역의 곤충과 아주 가까운 관계에 있다. 이 종들이 주변 동물과 아무런 관련 없이 모두 각자 독립적으로 만들어졌다는 일반적인 견해로는 이 사실을 제대로 설명할 수 없다.

종과 속

같은 속의 일부 종들에게서만 발견되는 형질은 그 속의 '모든' 종들이 공유한 형질보다 변이가 더 많이 나타나는 경향이 있다.

간단한 예로는 꽃식물 종들이 많이 포함된 큰 속을 들 수 있다. 만약 일부 종들은 파란색

모두 같은 색인 튤립들 가운데 끼어 있는 다른 색의 변종이 두드러져 보인다.

잃어버린 조각

『종의 기원』을 쓸 때 찰스 다윈에게는 해결하지 못한 큰 문제가 한 가지 있었다. 자연 선택을 통해 새로운 종이 생겨나는 과정을 설명하는 그의 이론에서는 유전이 핵심 역할을 했지만, 그 당시에 유전이 실제로 어떻게 일어나는지 그 과정을 제대로 아는 사람은 아무도 없었다. 자손이 부모의 특징을 물려받는다는 사실은 알았지만, 그런 일이 어떻게 일어나는지는 몰랐다.

다윈은 유전이 어린이를 부모와 먼 과거의 조상과 연결하고, 살아 있는 종들을 그 조상인 멸종한 종들과 연결한다는 것은 알았다. 또한, 살아 있는 생물은 모두 가깝건 멀건 유전을 통해 서로 연관이 있다는 사실도 알았다. 그러나 다윈이 신중하게 숙고해서 만든 진화의 그림에는 빠진 조각이 하나 있었다. 유전이라는 연결 고리 뒤에 숨어 있는 메커니즘을 제대로 설명할 수 없었다.

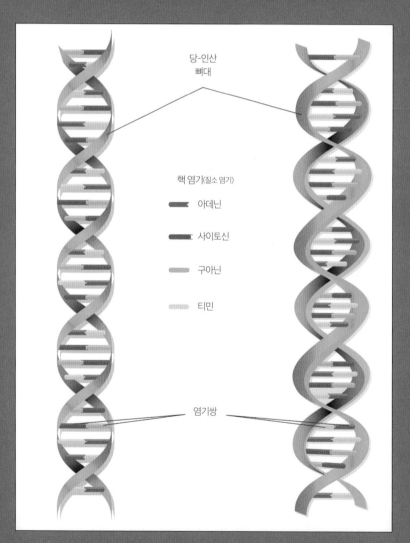

당-인산
뼈대

핵 염기(질소 염기)

■ 아데닌

■ 사이토신

■ 구아닌

■ 티민

염기쌍

각 DNA 가닥의 구조는 서로 꼬여 있는 두 갈래의 당-인산 뼈대로 이루어져 있다. 당-인산은 에너지를 전달하는 화합물이다. 두 당-인산 기둥 사이에는 마치 사다리의 단처럼 염기쌍이 가로지르며 두 기둥을 연결한다. 염기쌍은 핵염기(질소 염기) 2개로 이루어진다. 핵염기에는 네 가지가 있는데, 이것들이 당-인산 뼈대 사이에서 다양한 방식으로 결합해 DNA를 만든다.

수도사이자 유전학의 선구자였던 그레고어 멘델의 초상화가 인쇄돼 있는 독일 우표

다윈은 결국 그것을 알아내지 못하고 1882년에 죽었다. 1890년대에 과학자들은 유전의 수수께끼를 조금씩 풀면서 그 '잃어버린 조각'의 정체를 밝혀내기 시작했다. 1905년에 이르러 이 연구 분야는 유전학이라 불리게 되었다. 1940년대와 1950년대에 세포 속에 들어 있는 DNA 분자가 유전 정보를 전달한다는 사실이 밝혀졌다. 2003년에 과학자들은 인간 유전체(게놈) 지도를 완성했는데, 이것은 사람이라는 종을 정의하는 한 벌의 전체 유전 물질에 해당한다.

그런데 다윈이 살던 시대에도 이미 유전의 수수께끼를 풀 수 있는 결정적 발견을 한 사람이 있었다. 오스트리아 수도사였던 그레고어 멘델Gregor Mendel이었다.

1865년, 멘델은 완두콩을 가지고 실험한 결과를 논문으로 발표했다. 멘델은 완두콩에서 키가 크거나 작은 것과 같은 형질이 한 세대에서 다음 세대로 어떤 식으로 전달되는지 측정하려고 시도했다. 멘델은 키 큰 완두콩 식물과 키 작은 완두콩 식물을(그리고 그 후손들도) 교배시켜 키 큰 식물과 키 작은 식물이 다양한 조합으로 나타난다는 사실을 발견했다.

멘델의 실험 결과는 유전에서는 검은색 물감과 흰색 물감을 섞으면 회색이 만들어지는 식으로 어떤 형질의 여러 가지 버전이 '혼합되어' 전달되지 않는다는 것을 보여 주었다. 그 대신에 형질은 부모로부터 자식에게 서로 섞이지 않는 독립적인 단위 또는 입자의 형태로 전달되는 것처럼 보였다.

훗날 과학자들은 이 입자가 유전자라는 사실을 알아냈다. 유전자는 유전의 기본 단위로, 생식 세포(정자와 난자)에 담겨 한 세대에서 다음 세대로 전달된다. 각 세포에는 세포핵이 있는데, 세포핵에는 기다란 사슬 모양의 분자들이 들어 있다. 염색체라고 부르는 이 사슬 모양의 분자들은 DNA로 이루어져 있다.

각각의 염색체는 유전자에 해당하는 많은 지역들로 나누어져 있다. 각 유전자의 DNA는 유전체(그 종의 전체 유전자 지도)의 일부를 만드는 설계도이다. 유전자에 일어나는 작은 변이(부모의 DNA들이 결합하는 과정에서 일어나거나 돌연변이를 통해 일어난다)가 같은 종의 개체들 사이에 차이를 만들어 낸다.

오늘날 우리는 다윈이 몰랐던 것, 즉 유전의 작용 방식을 알고 있다(다윈이 멘델의 연구를 들었을 가능성은 거의 없지만, 설사 들었다 하더라도 유전에 대한 지식이 충분하지 않아 그 중요성을 알아채지 못했을 것이다). 그러나 오늘날 밝혀진 유전의 메커니즘은 변이와 자연 선택, 그리고 시간이 지나면서 생명 형태가 변하는 방식을 설명한 다윈의 이론이 옳음을 뒷받침해 주었다.

꽃이 피고 일부 종들은 빨간색 꽃이 핀다면, 꽃의 색은 종 단계에서 나타나는 하나의 형질일 텐데, 이 형질의 변이는 속 전체에서 나타나는 것으로 알려져 있다. 파란색 꽃이 피는 종들 중 하나에서 빨간색 변이가 나타나거나 빨간색 꽃이 피는 종들 중 하나에서 파란색 변이가 나타나더라도, 아무도 놀라지 않을 것이다. 그러나 만약 이 속에 속한 모든 종에서 파란색 꽃이 핀다면, 색은 이 속 전체의 형질이라고 보아야 한다. 이 속에 속한 종 중에서 빨간색 꽃이 피는 식물이 있다면, 아주 특이한 일이 될 것이다.

나는 같은 속의 모든 종들이 공유한 특징은 먼 옛날의 조상으로부터 물려받아 같은 속 전체가 공유하게 되었다고 생각한다. 그 이후로 이 특징은 변이가 일어나지 않았거나 아주 약간만 변이가 일어나는 데 그쳤기 때문에, 지금 와서 변이가 일어날 가능성은 극히 희박하다.

얼룩말, 콰가, 당나귀

아주 놀라운 종류의 변이도 있다. 예를 들면, 한 종에 나타난 어떤 변이가 그 종과 연관이 있는 다른 종에게 나타나는 특징과 비슷할 수 있다. 또는 어떤 동물이나 식물 종에서 먼 조상의 특징이 나타날 수도 있다.

나는 1장에서 모든 품종의 집비둘기는 그 색깔이 무엇이던 가끔 날개에 검은색 줄무늬가 둘 있는 파란색 자손을 낳는다고 지적했다. 이것은 모든 집비둘기의 조상인 야생 바위비둘기의 특징이다. 나는 이것이 격세 유전을 보여 주는 사례임을 아무도 의심하지 않

'격세 유전'은 조상에게서 발견되는 특징이 예기치 못하게 후손에게서 다시 나타나는 현상을 말한다.

을 것이라고 생각한다.

만약 어떤 종들의 조상이 무엇인지 알지 못한다면, 특정 변이가 조상의 특징이 다시 나타난 격세 유전 사례인지 알 길이 없다. 그러나 내 이론에 따르면, 어떤 종의 후손에게서는

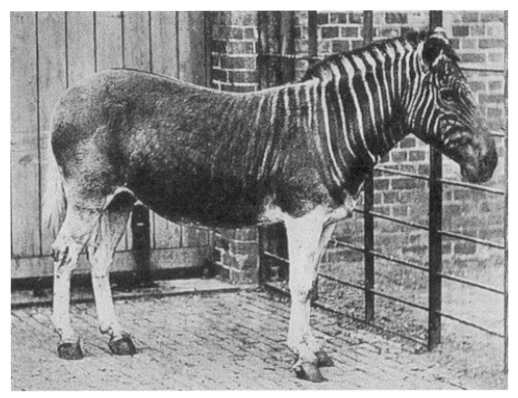

1869년에 촬영한 런던동물원의 콰가.

근연종의 특징이 가끔 나타나야 한다. 그리고 자연에서 실제로 이런 일이 일어난다는 것은 의심의 여지가 없다.

　　흥미로우면서도 복잡한 예를 살펴보자. 이것은 말과 동물의 색과 줄무늬에 관한 문제이다. 말과 동물에는 말, 얼룩말, 여러 종의 나귀가 있는데, 나귀 중 하나는 당나귀이다.

　　얼룩말은 머리와 몸통과 다리에 줄무늬가 있다. 콰가는 남아프리카에 사는 얼룩말의 아종으로, 몸통에는 얼룩말처럼 줄무늬가 있지만 다리에는 줄무늬가 없다. 다만, 얼룩말처럼 다리에 줄무늬가 있는 콰가가 한 마리 발견된 적이 있다.

　　이와는 대조적으로 당나귀는 다리에 얼룩말처럼 분명한 줄무늬가 있다. 이 특징은 아주 어린 새끼에게서 가장 두드러지게 나타난다. 당나귀는 또한 등뼈를 따라 한 줄의 줄무늬가

당나귀는 아프리카 야생 나귀를 가축화시킨 종이다. 야생 나귀 중 나머지 두 종은 아시아에 산다.

콰가는 1883년에 암스테르담의 동물원에 마지막으로 남아 있던 개체가 죽으면서 멸종했다.

뻗어 있는 경우가 많으며, 어깨에도 한 줄 또는 가끔은 두 줄의 줄무늬가 있다. 몸 색깔이 어두운 당나귀는 이러한 줄무늬가 불분명하거나 아예 없는 경우도 있다.

말의 경우, 나는 영국에서 많은 품종과 색의 말들에서 등에 줄무늬가 있는 사례들을 수집했다. 회갈색 말들에서는 다리 줄무늬를 흔히 볼 수 있다. 내 아들은 나를 위해 수레를 끄는 회갈색 말을 그림으로 그렸는데, 이 말은 양쪽 어깨에 각각 두 줄의 줄무늬가 있고, 다리에도 줄무늬가 있었다. 나는 각각의 어깨에 짧은 줄무늬가 나란히 세 줄씩 있는 작은 회갈색 조랑말 사례도 있다는 보고를 받았다.

나는 영국에서 중국 동부에 이르기까지, 그리고 북쪽으로는 노르웨이에서 남쪽으로는 말레이 군도에 이르기까지 수많은 지역에서 아주 다양한 품종의 말들을 대상으로 다리와 어깨에 줄무늬가 있는 사례들을 수집했다. 세계 모든 곳에서 줄무늬는 회갈색 말들에게서 가장 빈번하게 나타난다.

말과 동물의 종들을 사육 상태에서 이종 교배시키면 어떤 일이 일어날까? 한 전문가는 암말과 수탕나귀 사이에서 태어난 노새는 다리에 줄무늬가 있는 경우가 많다고 주장한다. 나는 다리에 줄무늬가 아주 많은 노새를 본 적이 있는데, 그것을 본 사람은 누구나 이 노새를 얼룩말의 후손으로 생각할 정도였다. 당나귀와 얼룩말 사이에서 태어난 잡종은 나머지 신체 부위보다 다리에 훨씬 선명한 줄무늬가 있다.

암말과 수컷 콰가를 교배시켜 태어난 잡종 새끼의 다리에는 선명한 줄무늬가 있었는데, 이것은 말이나 콰가에게서는 보기 드문 특징이다. 주목할 만한 또 한 가지 사례는 당나귀를 야생 아시아당

당나귀와 말의 이종 교배로 태어난 후손에 대해 더 자세한 내용은 8장을 참고하라.

이스라엘 네게브 산지의 오나거. 아시아당나귀 또는 야생 들당나귀라고도 부른다.

나귀(오나거)와 이종 교배시킨 결과이다. 당나귀가 항상 줄무늬가 있는 것은 아니고 아시아당나귀는 다리와 어깨에 줄무늬가 없다. 그러나 둘 사이에서 태어난 새끼는 네 다리에 모두 줄무늬가 있었고, 어깨에도 짧은 줄무늬가 세 줄 있었으며, 심지어 얼굴 양옆에도 얼룩말과 비슷한 줄무늬가 있었다.

요약하면, 여러 종의 말과 동물은 가끔 얼룩말처럼 다리에 줄무늬가 나타나거나 나귀처럼 어깨에 줄무늬가 나타난다. 말의 경우, 이러한 경향은 모든 나귀 종의 일반적인 색과 비슷한 회갈색 몸 색깔과 함께 나타난다. 그리고 줄무늬가 생기는 경향은 잡종에게서 가장 강하게 나타난다.

수천수만 세대를 되돌아보면서 나는 얼룩말처럼 줄무늬가 있지만 나머지 특징은 오늘날의 얼룩말과는 아주 다른 동물의 모습을 상상해 본다. 그 동물은 오늘날의 말과 아프리카와 아시아의 오나거, 콰가, 얼룩말의 공통 조상이다. 이들 말과 동물이 각자 독립적으로 창조되었다고 믿는 사람은 각각의 종이 다른 종들과 같은 줄무늬가 생기는 경향을 지닌 채 탄생했다고 믿어야 한다. 게다가 각 종은 세상에서 아주 멀리 떨어진 곳에 사는 다른 종과 인위적으로 교배시켰을 때 자기 부모보다 다른 종에 더 가까운 줄무늬를 가진 잡종을 낳는 경향이 강하다고 주장해야 할 것이다. 내가 보기에 이 견해는 진짜 원인—자연 선택을 통한 변화를 동반한 대물림 이론—을 거부하고, 그 대신에 비현실적이거나 적어도 알려지지 않은 원인을 선호하는 것으로 보인다. 나는 차라리 화석 조개는 실제로 살아서 존재한 적이 없고, 오늘날 해변에서 서식하는 조개들을 흉내 내어 돌로 만든 것이라는 주장을 믿고 싶다.

우리의 깊은 무지

변이의 법칙에 대해 우리가 아는 것은 너무나도 빈약하다. 100건의 사례 중에서 식물이나 동물의 어떤 부위가 부모의 동일한 부위와 왜 다른지 알 수 있는 경우는 단 한 건도 없다.

그런데도 우리는 부모와 후손 사이에 나타나는 각각의 미소한 차이에는 분명히 어떤 원인이 있다고 믿는다. 이런 차이를 만들어 내는 원인이 무엇이건, 만약 그 차이가 후손의 생존과 생식에 도움을 준다면, 그 차이는 후손에게 계속 전달될 것이다. 자연 선택은 그런 차이를 꾸준히 축적시켜 다양한 적응 형질로 만듦으로써 지구 표면 위에서 살아가는 수많은 개체들을 서로 경쟁시키고, 그중에서 가장 잘 적응한 개체가 살아남게 한다.

6장
내 이론의
어려운 문제들

독자들은 이미 한참 전부터 내 이론의 어려운 문제들 때문에 고민했을 것이다. 그중 일부는 너무나도 심각한 것이어서 나는 그것을 생각할 때마다 그 충격 때문에 몸이 휘청거린다. 그러나 문제는 대부분 쉽게 해결된다. 내가 판단하기에는 심지어 실질적으로 어려운 문제점들조차도 내 이론에 치명적인 것이 되지는 않는다고 본다.

내 이론의 어려운 문제들과 내 이론에 대한 반론들은 네 가지 범주로 정리할 수 있다.

첫째, 만약 종이 다른 종으로부터 작은 변화 단계들의 많은 축적을 통해 유래했다면, 왜 우리 주변에 수많은 전이 형태가 존재하지 않을까?

둘째, 예컨대 박쥐의 구조와 습성을 지닌 동물이 완전히 다른 습성을 지닌 동물로부터 변화를 통해 생겨나는 것이 가능한가? 자연 선택은 기존의 형태를 변형시켜 새로운 구조— 기린이 파리를 쫓는 용도로 사용하는 꼬리처럼 별로 중요하지 않은 구조나, 그것이 어떻게 만들어졌는지 아직도 우리가 완전히 이해하지 못하는 눈처럼 경이로운 구조를 가진 기관—를 만들어 낼 수 있는가?

셋째, 본능도 자연 선택을 통해 획득하거나 변화할 수 있는가? 뛰어난

전이 형태transitional form 또는 중간 형태intermediate form는 한 종류의 생명 형태가 다른 종류의 생명 형태로 전이하는(변해 가는) 중간 단계의 형태를 말한다.

다윈이 죽고 나서 50년이 지난 1932년에 촬영한 다윈의 서재 모습.
다윈은 이곳에서 자신의 이론에 대한 반론들을 잠재울 방법을 고민했다.

수학자의 발견보다 훨씬 앞서서 놀라운 구조의 벌집을 만드는 벌의 경이로운 본능은 어떻게 설명해야 할까?

넷째, 두 종의 이종 교배에서는 왜 생식 능력이 없는 잡종이 태어나고, 같은 종에 속한 두 변종의 교잡에서는 왜 생식 능력이 있는 자손이 태어날까?

본능은 7장에서, 이종 교배와 잡종은 8장에서 주제로 다룬다. 6장에서는 처음의 두 가지 문제, 즉 전이 형태와 아주 복잡한 구조를 먼저 알아본다.

중간 형태의 부재

자연 선택과 멸종은 함께 손을 잡고 나아간다. 변화를 통해 개선된 새로운 형태는 덜 개선된 전이 형태뿐만 아니라 부모 종까지 경쟁에서 물리치고, 결국에는 부모 종을 대체하는 경향이 있다. 만약 각각의 종이 다른 형태로부터 유래했다고 본다면, 그 종이 현재의 형태에 이르렀을 무렵에는 일반적으로 부모 형태와 모든 중간 형태의 변종은 멸종했을 것이다.

이 이론에 따르면, 과거에 수많은 전이 형태들이 존재했다가 멸종했을 것이다. 그렇다면 이러한 전이 형태들이 지각에 수없이 묻혀 있을 텐데, 왜 발견되지 않는 것일까? 나는 이 문제를 화석과 지질학적 기록을 다루는 9장에서 다시 논의할 것이다.

그러나 오늘날 살아 있는 종들 사이의 전이 형태는 존재해야 하지 않을까? 유연관계가 가까운 몇몇 종이 같은 지역에서 살아간다면, 이들 사이의 전이 형태가 많이 발견되어야 할 것이라고 주장할 수 있다.

간단한 예를 살펴보자. 한 대륙을 북쪽에서 남쪽으로 여행하면, 각자 자연의 경제에서 거의 똑같은 자리를 채우고 살아가는, 유연관계가 가까운 일련의 종들을 흔히 만나게 된다. 이 종들은 두 서식지 사이에 있는 지역에서 자주 만나 서로 섞인다. 두 종이 함께 섞인 지역에서 남쪽으로 갈수록 북쪽에서 온 종은 점점 더 보기 어려워진다. 그 대신에 남쪽에서 온 종은 점점 더 많아져 결국에는 북쪽에서 온 종을 완전히 대체하게 된다. 그러나 두 종이 서로 섞이는 지역에서 이 종들의 표본을 비교해 보면, 훨씬 북쪽에 사는 종과 훨씬 남쪽에 사는 종의 표본들만큼 서로 뚜렷하게 구별된다.

내 이론에 따르면, 서로 유연관계가 가까운 북쪽과 남쪽의 종은 공통 조상에서 유래했다.

각 종은 자신이 사는 곳의 환경에 적응했다. 그러나 두 종이 만나는 중간 지역은 생활 조건도 두 지역의 중간에 해당한다. 그런데 왜 북쪽 종과 남쪽 종을 이어 주는 중간 형태의 변종이 발견되지 않을까?

나는 이 어려운 문제 때문에 오랫동안 큰 혼란에 빠져 있었다. 그러나 나는 이 문제를 대체로 설명할 수 있다고 생각한다.

일반적으로 각 종의 서식지 대부분 지역에서는 그 종의 개체가 상당히 많이 존재한다. 서식지 가장자리로 갈수록 개체수는 점점

어떤 종의 서식지는 그 종이 자연적으로 살아가는 모든 장소를 일컫는다. 이 지도는 미국호랑가시나무*Ilex opaca*의 서식지를 보여 준다.

줄어들다가 마침내 완전히 볼 수 없게 된다. 두 근연종(생물의 분류에서 유연관계가 깊은 종류―옮긴이)의 서식지 사이에 있는 중립 지역 또는 중간 지역은 대개 각 종의 서식지에 비하면 아주 좁은 편이다.

거의 모든 종은, 심지어 그 개체수가 가장 많은 곳에서도, 경쟁하는 종이 없다면 그 수가 아주 크게 증가한다는 사실을 기억하라. 거의 모든 종은 다른 종을 먹이로 삼거나 다른 종의 먹이가 된다. 요컨대, 살아 있는 생물은 모두 나머지 생물들과 직접적으로든 간접적으로든 서로 연결되어 있다.

어떤 종의 서식지에 영향을 미치는 요소는 기후 같은 물리적 조건만 있는 게 아니다. 다른 종들의 존재도 큰 영향을 미친다. 서로 다른 종들은 이미 명확하게 구별되어 있어서 한 종이 눈에 띄지 않게 다른 종과 차츰 섞이는 일은 일어나지 않는다.

어떤 종의 서식지 역시 분명하게 결정되는 경향이 있다. 그리고 각 종은 자신의 서식지 주변부에서는 개체수가 적기 때문에, 그곳에서 그 종에게 해가 되는 일이 일어난다면―적이

증가하거나 먹이가 감소하거나 매우 힘든 계절이 닥치거나 하여—서식지 주변부에서 그 종이 사라질 수 있다. 그렇게 되면 전체적인 서식지 범위가 더욱 분명하게 결정될 것이다.

개체수가 적은 종은 개체수가 많은 종보다 절멸할 위험이 더 크다. 중간 형태는 그 양쪽에 있는 유연관계가 가까운 형태보다 더 적게 존재할 것이기 때문에, 순전히 숫자만 고려하더라도 멸종할 위험이 더 크다.

그러나 나는 자연 선택의 효과가 훨씬 크다고 믿는다. 내 이론은 변종이 변화를 통해 별개의 종으로 변한다고 말한다. 더 넓은 서식지에서 살고 개체수가 더 많은 변종은 개체수가 적고 양쪽 지역 사이의 좁은 서식지에서 살아가는 중간 형태의 변종보다 훨씬 유리할 것이다.

개체수가 더 많은 생명 형태는 유리한 변이를 낳을 확률이 더 높은데, 자연 선택이 솜씨를 발휘할 수 있는 재료, 즉 개체가 더 많기 때문이다. 생존 경쟁에서는 보편적이고 수가 많은 생명 형태가 다른 생명 형태보다 더 빨리 변화하고 개선된다. 이들은 덜 보편적이고 수가 적은 생명 형태들을 경쟁에서 물리치고 대체하는 경향이 있다.

이것을 설명하기 위해 세 가지 품종의 양을 인위 선택하는 가상의 예를 살펴보자. 첫 번째 품종은 넓은 산악 지역에서 잘 살아가도록 적응했다. 두 번째 품종은 좁은 범위의 언덕 지역에서 잘 살아가도록 적응했다. 세 번째 품종은 언덕 아래의 넓은 평야 지역에서 잘 살아가도록 적응했다.

모든 양 주인은 똑같은 기술을 사용해, 선택을 통해 자신의 양 품종을 개선하려고 시도한

1872년에 에스파냐의 메리노 양을 묘사한 판화.

다. 그런데 넓은 산악 지역과 평야 지역에서 살아가는 품종을 기르는 두 양 주인은 둘 사이의 좁은 언덕 지역에서 양을 기르는 주인보다 자신의 양 품종을 더 빨리 개량할 가능성이 높다. 왜 그럴까?

언덕 지역은 나머지 두 지역보다 좁은데, 그 결과로 그곳에 사는 양의 수도 더 적다. 이 지역에서 양을 기르는 양 주인은 품종을 개량하기 위해 사용할 수 있는 변이가 더 적다. 그 결과로 산악 지역이나 평야 지역에서 개량된 품종이 언덕 지역의 품종을 대체하게 될 것이다. 결국에는 중간의 언덕 지역에 사는 품종은 사라지고, 개체수가 더 많다는 이점을 안고 출발한 산악 지역과 평야 지역의 품종들이 서로 가까이 접촉하게 될 것이다.

날다람쥐와 날치

내 견해에 반대하는 사람들은 예컨대 육식 육상 동물이 어떻게 물속에서 살아가는 동물로 변할 수 있느냐고 묻는다. 즉, 그 동물은 전이 상태에서 어떻게 살아갈 수 있었느냐고 묻는다.

그러나 특정 육식 동물 집단 안에 물과 육지 사이의 중간 환경에서 살아가는 동물이 있다는 것은 쉽게 보여 줄 수 있다. 예를 들면, 아메리카밍크는 헤엄을 치는 다른 동물들처럼 발에 물갈퀴가 있다. 털과 짧은 다리, 꼬리 등의 특징은 수달을 닮았다. 여름에는 수달처럼 물속으로 잠수해 물고기를 사냥하면서 살아가지만, 긴 겨울 동안에는 꽁꽁 언 물을 떠나 뭍에서 친척 동물인 긴털족제비나 족제비처럼 생쥐와 육상 동물을 사냥하면서 살아간다.

나는 동물계에서 전이 상태에 해당하는 놀라운 사례를 많이 수집했다. 그중 몇몇 사례는 밍크 같은 하나의 종이 어떻게 다양한 습성을 가질 수 있는지 보여 준다. 또 한두 사례는 근연종들 사이에서 나타나는 전이 단계의 습성과 구조를 보여 준다.

다람쥣과를 살펴보자. 이 종들 사이에서는 신체 형태가 점진적으로 변해 가는 것을 볼 수 있다. 일부 종들은 꼬리가 약간 납작한 반면, 어떤 종들은 몸 뒷부분이 넓고 옆구리 피부가 다소 느슨하여 비막飛膜[활주나 비행을 하는 육상 척추동물(조류 제외)에서 주로 앞다리, 체측, 뒷다리에 걸쳐 뻗어 있는 피부 주름으로 형성된 막—옮긴이]이 막 발달하려는 것처럼 보인다. 그런가 하면 날다람쥐 같은 종들은 널따란 피부막이 네 다리 사이에, 그리고 심지어 꼬리 밑동까지 뻗어 있다.

한 나무에서 다른 나무로 활공하는 인도자이언트날다람쥐*Petaurista philippensis*.

날다람쥐는 이 피부막을 낙하산처럼 사용해 공중을 날면서 한 나무에서 다른 나무까지 놀랍도록 먼 거리를 활공할 수 있다.

이러한 각각의 구조는 자신의 서식지에서 살아가는 각 종류의 다람쥐에게 유용한데, 맹금과 맹수를 피하거나 먹이를 더 쉽게 얻거나 가끔 일어나는 추락에서 살아남게 해 주기 때문이다. 그렇다고 해서 각 다람쥐의 구조가 모든 조건에서 상상 가능한 최선의 구조라는 뜻은 아니다.

기후와 식물상이 변하거나 경쟁 관계의 설치류나 새로운 맹수가 서식지에 들어오거나 토착종이 구조 변화를 통해 변한다고 가정해 보자. 이런 일이 일어났을 때, 새로운 조건에 적응하도록 변하지 않으면 어떤 종류의 다람쥐는 개체수가 줄어들거나 절멸할 것이다.

어떤 다람쥐는 비행에 가까운 능력을 가진 것처럼 보일 수 있다. 그러나 날개가 있어도 그것을 비행 대신에 다른 목적으로 사용하는 다람쥐도 있다. 만약 먹통오리와 펭귄과 타조가 멸종했거나 사람들에게 알려지지 않았더라면, 날개를 먹통오리처럼 노로 사용하거나, 펭귄처럼 물속에서는 지느러미로 사용하고 땅 위에서는 앞다리로 사용하거나, 타조처럼 돛으로 사용하는 새가 있으리라고 누가 상상이나 할 수 있었겠는가? 이 새들의 구조는 경쟁하면서 살아가야 하는 각자의 생활 조건에 적합한 것이지만, 가능한 모든 조건에 적합한 구조들 중에서 최선의 구조는 아니다.

날치가 공중으로 활공하는 능력은 아마도 포식 동물을 피하려고 시도하는 과정에서 진화했을 것이다.

우리는 하늘을 나는 조류와 포유류가 있다는 사실을 알고 있으며, 하늘을 나는 곤충도 아주 다양하게 존재한다는 사실을 안다. 지금은 멸종했지만 하늘을 나는 파충류가 한때 존재했다는 사실도 안다. 그렇다면 물고기는 어떨까? 우리는 날치를 여러 종 아는데, 날치는 진짜로 나는 것이 아니고, 수면 위로 뛰어올라 공중에서 멀리 활공을 한다. 지느러미를 퍼덕거림으로써 공중으로 약간 솟아오르거나 방향을 바꾸면서 그렇게 날아가다가 다시 물속으로 떨어진다.

시간이 많이 지나면 날치가 완벽한 날개를 가진 동물로 변하리라고 상상할 수 있지 않을까? 만약 이런 일이 일어난다면, 이 동물이 초기 발달 단계에서는 넓은 바다에서 살면서 오로지 다른 물고기에게 잡아먹히는 것을 피할 때에만 지느러미를 사용했다는 사실을 어느 누가 상상할 수 있겠는가?

하늘을 나는 파충류였던 익룡은 수백만 년 전에 멸종했고, 후손을 전혀 남기지 않았다. 익룡은 오늘날 살아 있는 새의 조상인 공룡과는 다른 종류의 파충류이다.

습성과 구조

비행을 위해 발달한 새의 날개처럼 어떤 습성을 위해 고도로 발달한 구조를 볼 때, 그 구조의 전이 형태를 가진 동물이 오늘날 거의 존재하지 않는다는 사실을 명심해야 한다. 그런 동물들은 자연 선택을 통해 개선된 형태에 밀려나고 말았을 것이다.

앞에서 언급한 가상의 예, 즉 진짜로 하늘을 날 수 있는 단계까지 발달한 날치의 예로 다시 돌아가 보자. 그런 물고기는 물속과 땅 위에서 많은 종류의 먹이를 얻을 수 있도록 아주 다양한 형태로 발달할까? 생존 경쟁에서 다른 동물들보다 유리할 정도로 날개가 고도로 발달하기 전까지는 그런 일이 일어나지 않을 것이다. 초기의 전이 형태들, 즉 지느러미가 아직도 진짜 날개로 발달하는 중인 형태들은 나중에 나타난 고도로 발달한 형태들의 다양성에 수적으로 압도될 것이다. 어떤 구조의 전이 단계에 있는 종의 화석이 완전히 발달한 구조를 가진 종의 화석보다 항상 더 드문 이유는 이 때문이다. 즉, 전이 단계의 종에 속한 개체수가 훨씬 더 적었기 때문이다.

같은 종 안에서도 개체들의 습성이 변화하는 일이 가끔 일어난다. 한 예는 오늘날 영국의 토착종이 아닌 식물을 먹고사는 영국의 많은 곤충이다. 먼 나라에서 온 이 식물들은 오늘날 영국에서 곤충의 삶 중 일부를 차지한다.

황조롱이는 맷과에 속한 작은 새이다.

산적딱새는 종수가 많은 명금류로, 신대륙딱새라고도 한다. 전부는 아니지만 이 종들은 대부분 곤충을 먹고산다.

같은 종류의 개체들이 서로 다른 습성을 가진 경우도 있다. 나는 남아메리카에서 황조롱이처럼 한 장소 위에서 맴돌다가 다음 장소로 옮겨 가는 산적딱새를 자주 목격했다. 그러나 산적딱새가 물가에서 꼼짝도 않고 서 있다가 갑자기 물총새처럼 물고기를 향해 달려드는 모습도 본 적이 있다.

우리는 같은 종의 다른 개체들 또는 같은 속의 다른 종들과 아주 다른 습성을 가진 개체들을 가끔 발견한다. 내 이론에 따르면, 이런 개체들은 가끔 특이한 습성을 지니고 구조 면에서도 부모 종과 차이가 있는 새로운 종을 낳을 것이라고 예상할 수 있다. 실제로 자연에서 그런 일들이 일어난다.

나무를 기어올라 나무껍질 틈에서 곤충

안데스딱따구리는 남아메리카에 사는 딱따구리 종으로, 나무가 없고 탁 트인 지역에서 산다.

을 잡아먹도록 적응한 딱따구리만큼 놀라운 적응 사례가 또 있을까? 그러나 북아메리카에는 주로 열매를 먹고 사는 딱따구리와 길쭉한 날개로 하늘을 날면서 곤충을 사냥하는 딱따구리도 있다. 나무가 전혀 자라지 않는 남아메리카 평원에는 구조나 색, 비행 방식, 심지어 귀에 거슬리는 울음소리 음색까지 일반적인 딱따구리와 아주 흡사한 딱따구리가 살고 있다. 그런데 이 딱따구리는 절대로 나무에 기어오르지 않는다!

각각의 종이 현재 우리가 보는 모습 그대로 창조되었다고 믿는 사람은 가끔 그 습성이 구조와 일치하지 않는 동물을 보면 크게 놀랄 것이다. 오리와 거위의 물갈퀴 달린 발이 헤엄을 치기 위해 생겨났다는 것은 너무나도 명백하지 않은가? 그러나 물갈퀴가 달린 발을 갖고서 고지대에서 살아가는 거위가 있는데, 이 거위는 절대로 물 가까이에 가지 않는다. 아주 먼 바다에서 목격되는 군함조는 모든 발가락에 물갈퀴가 있지만, 존 제임스 오듀본John James Audubon을 제외하고는 군함조가 수면 위에 내려앉는 모습을 본 사람은 아무도 없다. 반면에 논병아리와 검둥오리는 발가락에 물갈퀴가 없고 그저 피부막이 발가락 주위를 둘러싸고 있을 뿐이지만 물새이다. 이 사례들(그리고 그 밖의 많은 사례들)에서는 습성이 구조와 일치하지 않는다. 이 동물들은 구조에는 아무 변화가 일어나지 않은 채 습성이 변했을 가능성이 높다.

> 존 제임스 오듀본(1785~1851)은 미국의 박물학자이자 화가로, '미국 조류학의 아버지'이다. 조류를 자세히 연구하고 세밀하게 그림으로 묘사한 것으로 유명하다. 세계에서 처음으로 철새들의 이동을 과학적으로 관찰한 선구자이다.

모든 생물은 늘 개체수를 늘리려고 노력한다는 사실을 명심하라. 어떤 식물이나 동물의 습성이나 구조가 같은 종류의 다른 개체들과 조금이라도 다르게 변한다면, 그리고 이 변이가 다른 식물이나 동물에 비해 살아가는 데 유리하다면, 그 식물이나 동물은 설사 그곳이 원래 살던 장소와 아무리 다르더라도, 다른 식물이나 동물의 자리를 빼앗아 차지할 것이다.

진화와 눈

눈Eye은 내 이론에서 아주 큰 골칫거리가 될 것 같다. 솔직하게 고백하건대, 제각기 다른 거리distance에 초점을 맞추고, 눈에 들어오는 빛의 양을 조절하고, 색과 모양을 제대로 볼 수 있도록 복잡한 메커니즘을 가진 눈을 자연 선택이 만들었다고 가정하는 것은 터무니없는 생각처럼 보인다.

그저 이론에 불과한 것?

사람들은 어떤 견해를 묵살할 때 "그건 그저 이론에 불과해"라는 말을 종종 한다. 이때 '이론'은 '아이디어'나 '가능성' 또는 '추측'이라는 뜻으로 쓰인다. 사람들이 어떤 것을 이론에 불과하다고 일축할 때, 그것은 사실이 아니라는 뜻이다.

'이론'은 여러 가지 뜻으로 쓰이지만, 과학에서 사용하는 이론이라는 단어는 몇 가지 의미가 있다.

이론은 기본 원리들을 모아놓은 것이나 어떤 지식 체계를 가리킬 수도 있다. 예를 들면, 사람들은 음악 이론이나 게임 이론을 연구하는데, 이것들은 기본 원리들을 바탕으로 쌓아 올린 지식 체계이다.

과학자들은 또한 '이론'을 "관찰된 사실들을 그럴듯하게 또는 과학적으로 받아들일 수 있게 설명하는 체계"라는 뜻으로 사용하기도 한다. 그런 예로는 오늘날의 빛 이론을 들 수 있는데, 이 이론은 빛이 어떤 때에는 파동처럼 그리고 어떤 때에는 입자처럼 행동한다고 말한다. 이 이론은 빛의 행동에 대해 알려진 모든 사실을 설명한다. 이 이론은 빛이 어떻게 행동할지 정확하게 예측하며, 많은 실험을 통해 검증되었다.

다윈이 말한 '이론'은 바로 이런 뜻으로 사용되었다.

『종의 기원』에서 다윈은 '내 이론'이라는 표현을 반복적으로 사용했다.

그의 이론은 자연 선택에 의한 '변화를 동반한 대물림'(오늘날에는 '진화'라 부르는 것)이었다. 이 이론은 생명의 기원에 관한 이야기는 전혀 하지 않았다. 그 대신에 다윈의 이론은 지구의 역사 동안에 생물에게 일어난 변화 패턴과 새로운 종이 나타나는 방식을 이야기했다. 다윈은 자신의 이론이 자신과 다른 박물학자들이 수집한 수많은 사실들(재배하거나 사육하는 동식물과 야생 동식물, 살아 있는 종과 멸종한 종, 다양한 생명 형태들 사이의 차이점과 유사점에 관한 사실들)에 대한 최선의 설명이라고 믿었다. 다윈의 이론은 많은 관찰과 실험을 통해 검증되어 과학계에서 널리 받아들여졌으며, 지금은 생물과학에서 핵심 이론으로 자리 잡고 있다.

진화는 이론이자 사실이다. 진화가 실제로 일어난다는 것은 관찰을 통해 확인되었다. 그렇다고 해서 우리가 진화를 완전히 이해한다는 뜻은 아니다. 과학자들은 아직도 자연 선택을 비롯해 진화의 다른 메커니즘들을 연구하고 있다. 과학자들은 아직도 생명의 기본 설계도와 그것이 시간이 지나면서 어떻게 변하는지 탐구하고 있다. 새로운 발견들은 진화에 대한 우리의 이해를 변화시키고 확장시킬 것이다. 이것은 과학이 작동하는 방식이다. 새로운 정보가 나타나면 그에 맞춰 이론도 변하고 적응한다.

다윈의 이론도 일부 세부 내용에서 틀린 곳이 있었다. 예를 들면, 다윈은 지구의 나이를 너무 낮춰 잡았다. 그리고 멸종 문제에서는 오늘날의 일부 전문가들은 다윈이 종들 사이의 경쟁을 너무 중요하게 여긴 반면, 기후 변화 같은 요소를 경시했다고 지적한다. 다윈은 작은 실수도 저질렀는데, 예컨대 오늘날의 닭이 붉은멧닭에서 유래했다고 그릇된 주장을 펼쳤다. 하지만 다윈이 그린 큰 그림은 옳다. 종은 다른 종에서 유래하며, 모든 생물은 생명의 사슬을 통해 서로 연결돼 있다.

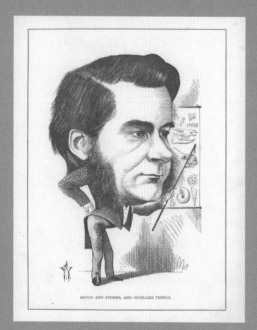

BONES AND STONES, AND SUCH-LIKE THINGS.

생물학자 토머스 헨리 헉슬리(Thomas Henry Huxley)(1825~1895)를 풍자한 만화. 헉슬리는 다윈의 자연 선택에 의한 진화 이론을 강하게 옹호하고 나서 '다윈의 불도그'라는 별명을 얻었다.

그러나 내 이성은 특정 조건들만 충족한다면, 이러한 어려움을 충분히 극복할 수 있다고 말한다. 자연 속에는 완전하고 복잡한 눈과 불완전하고 단순한 눈 사이에 많은 단계가 존재하는가? 그리고 각 단계의 눈들은 그것을 가진 동물에게 유용한가? 눈은 아주 미소하게라도 변이가 일어나는가? 그리고 이러한 변이는 유전되는가? 생활 조건이 변하면 눈에 일어난 어떤 변이나 변화가 유용할 수 있다는 것이 사실인가?

이 모든 질문에 대한 답은 '그렇다'이다. 따라서 우리는 자연 선택이 느리게 작용하면서 유용한 변이를 보존해 단순한 눈의 구조를 변형시킴으로써 복잡한 눈을 낳을 수 있다고 믿어야 한다.

어느 종에서 어떤 기관의 발달 단계들을 살펴보려면 그 종의 조상들을 살펴보는 게 필요하다. 그러나 이것이 가능한 경우는 극히 드물다. 많은 조상 종은 이미 멸종했기 때문이다. 그 대신에 같은 부모 형태에서 유래한 근연종들을 살펴보는 수밖에 없다. 그러면 어떤 단계들이 가능한지, 그리고 오랜 시간이 지나는 동안 이전의 형태로부터 큰 변화 없이 계속 전해진 것이 있는지 볼 수 있을지 모른다.

살아 있는 절지동물 종들에서 다양한 발달 단계의 눈들을 볼 수 있다. 절지

절지동물은 척추가 없고, 몸 바깥쪽이 껍데기 형태의 외골격으로 이루어져 있으며, 다리가 구부러지는 마디들로 이루어져 있다. 거미강에는 거미와 그 친척 종들이 포함된다. 갑각강(갑각류)에는 게와 그 친척 종들이 포함된다.

눈자루 위에 눈이 붙어 있는 암컷 갯가재. 사람의 눈에는 빛을 감지하는 구조가 세 가지(각각 빨간색, 초록색, 파란색 빛을 감지하는)뿐인 반면, 갯가재는 그런 구조가 12~24가지나 있는데, 자외선을 감지하는 것도 있다.

동물문에는 곤충강, 거미강, 갑각강 등이 포함돼 있다. 일부 절지동물은 땅 위에서 살고, 일부는 물에서 산다. 공중을 날아다니는 절지동물도 있고, 땅속에서 전체 생애 중 대부분을 보내는 절지동물도 있다.

일부 애벌레가 이런 종류의 눈을 갖고 있다. 성충으로 변하면 수정체가 있는 더 복잡한 눈을 갖게 된다. 편형동물과 해파리처럼 절지동물이 아닌 일부 동물도 이것과 같은 단순한 눈을 갖고 있다.

가장 단순한 절지동물의 눈은 색소로 뒤덮인 시신경으로만 이루어져 있고, 그 밖의 어떤 메커니즘도 없다. 이 기본 단계로부터 시작해 제법 복잡한 눈에 이르기까지 다양한 단계의 구조가 존재한다. 예컨대, 어떤 갑각류는 각막이 이중 구조로 되어 있다. 안쪽 각막은 납작한 구역들로 나누어져 있다. 각 구역 내부에는 렌즈처럼 볼록 솟아오른 부분이 있다. 다른 갑각류의 눈에는 색소로 뒤덮인 투명한 원뿔 구조가 있는데, 그 모양 때문에 눈에 들어오는 빛이 한 점으로 수렴하게 된다. 즉, 한 점으로 초점이 맞추어진다.

이 사실들은 살아 있는 절지동물의 눈에는 다양한 단계의 종류가 있음을 보여 준다. 나는 자연 선택이 색소로 뒤덮인 단순한 시신경을 다양한 종류의 더 복잡한 형태로 변화시켰다는 사실을 별 어려움 없이 받아들일 수 있다.

이 책을 다 읽고 나서 다른 방법으로는 설명되지 않는 많은 사실을 '변화를 동반한 대물림' 이론으로 설명할 수 있다는 것을 발견한 독자는 수리의 완벽한 눈도, 비록 그 전이 단계들은 알려지지 않았다 하더라도, 자연 선택을 통해 생겨났을 수 있음을 인정할 것이다.

만약 일련의 미세한 변화가 아무리 많이 일어나더라도 생겨날 수 없는 복잡한 기관이 있다는 것을 입증한다면, 내 이론은 완전히 무너지고 말 것이다. 그러나 그런 사례는 전혀 발견되지 않았다.

전기뱀장어와 반딧불이

전기뱀장어 같은 일부 물고기는 전기를 만드는 기관이 있다. 이 물고기들은 전기를 먹이를 기절시키는 용도나 방향을 찾거나 다른 물고기와 의사소통을 하는 용도로 사용한다.

전혀 가까운 관계가 아닌 종들에서 동일한 기관이 나타나는 사례는 어떻게 설명해야 할까? 이것 역시 자연 선택의 결과일까?

물고기의 전기 기관은 한 가지 난제를 던진다. 만약 전기 기관이 단일 조상으로부터 물려받은 것이라면, 모든 전기 물고기는 서로 가까운 관계에 있을 것이라고 추측할 수 있지만, 실제로는 그렇지 않다. 전기 기관이 있는 물고기는 십여 종밖에 안 되는데, 그중 여러 종은 서로 유연관계가 아주 먼 집단에 속한다. 먼 과거에는 물고기들이 대부분 전기 기관이 있었으나 지금은 대부분의 후손들에게서 사라졌다고 시사하는 화석 증거도 전혀 없다.

반딧불이 같은 일부 곤충의 발광 기관도 비슷한 사례이다. 발광 곤충은 다양한 과와 목에서 발견된다. 어떻게 해서 이 모든 곤충에게 같은 종류의 기관이 생긴 것일까?

서로 아주 다른 종들이 동일한 기관처럼 보이는 것을 가진 이 사례들에서 그 기관이 동일한 모습과 기능을 가진 것처럼 보이더라도, 일반적으로 종에 따라 약간 차이가 있다는 사실에 주목할 필요가 있다. 두 사람이 각자 독자적으로 동일한 발명을 하는 일이 가끔 있는 것처럼 서로 다른 변이들을 활용하면서 각 생물의 이익을 위해 작용하는 자연 선택도 서로 관계가 아주 먼 생물들에게 동일한 결과를 낳을 때가 가끔 있다.

어떤 기관이 어떤 전이 단계들을 거쳐 현재 상태에 이르게 되었는지 추측하기는 매우 어렵다. 그러나 멸종했거나 알지 못하는 종에 대해 알려진 것이 거의 없다는 사실을 감안할 때, 나는 그것을 낮은 전이 단계가 전혀 알려지지 않은 기관이 아주 드물다는 사실에 놀랐다. "자연은 도약하지 않는다(Natura non facit saltum)"라는 박물학의 오랜 격언은 이 말의 진실성을 잘 대변한다. 자연 선택 이론에 따르면, 왜 그런지 그 이유를 분명히 이해할 수 있다. 자연 선택은 각각의 변이를 이전의 변이에 계속 축적시키면서 미세한 변이를 이용하는 방법으로만 작용할 수 있다. 자연은 절대로 도약하지 않지만, 가장 짧고 가장 느린 걸음으로 나아간다.

오늘날 생물학자들은 다윈이 지적한 이 사실을 '수렴 진화'라는 개념을 사용해 설명한다. 수렴 진화는 서로 다른 생물 집단들이 같은 기능을 하는 동일한 특징이나 구조를 각자 독자적으로 진화시킨 현상을 가리킨다. 박쥐와 새와 곤충의 날개가 바로 그런 예이다.

7장

본능

벌집 내부에 육각형 방들을 만드는 꿀벌의 본능처럼 경이로운 본능은 설명하기가 매우 어려워 보일 수 있다. 이것이 과연 내 이론 전체를 와르르 무너뜨릴 만큼 충분히 어려운 문제인지 살펴보자.

우리 인간은 경험하거나 훈련을 거쳐야만 할 수 있는 행동을 어떤 동물이 할 때, 우리는 이를 본능적인 것이라고 부른다. 특히 동물이 아주 어려서 아무 경험이 없는데도 그런 행동을 할 때, 그리고 많은 동물 개체들이 같은 일을 같은 방식으로 할 때, 우리는 그것을 본능적 행동이라고 부른다.

본능적 행동의 경우, 한 가지 행동 뒤에 다른 행동이 일종의 리듬처럼 뒤따라 일어난다. 우리 종에서도 이런 행동을 가끔 볼 수 있다. 노래를 부르거나 기억에 의존해 어떤 일을 반복하는 사람이 방해를 받아 그 일이 중단되었을 경우, 그 사람은 연속적인 사고의 궤적을 회복하기 위해 처음으로 되돌아가 모

극제비갈매기는 지구에서 가장 먼 거리를 이동하는 동물이다. 해마다 북극에서 출발해 남극까지 갔다가 다시 돌아오길 반복한다. 그 여행 거리는 무려 약 9만 6000km에 이른다.

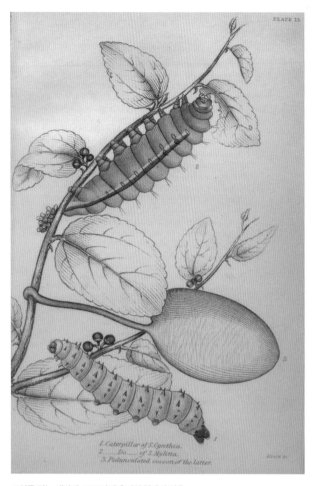

고치를 짓는 애벌레. 1843년에 출판된 책에서 인용.

본능적 행동이 유전된다는 다윈의 생각은 옳았다. 오늘날 과학자들은 '본능'을 학습이나 개체의 경험을 통해 습득된 행동이 아니라 그 종 전체에서 자연적으로 나타나는 행동 패턴으로 정의한다. 신체적 형태처럼 본능도 유전되며, 가끔 변이가 생긴다. 또 본능은 신체적 형태처럼 개체의 환경이나 생활 조건에 영향을 받는다.

든 것을 다시 시작해야 할 때가 많다.

한 연구자는 실을 토해 내 아주 복잡한 고치를 만드는 애벌레에게서 이와 똑같은 현상을 발견했다. 그 연구자는 자신의 해먹을 6단계까지 완성한 애벌레를 집어 올려 3단계까지만 완성된 해먹으로 옮겼다. 그 애벌레는 4단계와 5단계, 6단계 공정 과정을 다시 반복했다. 그러나 3단계까지 완성된 해먹에서 애벌레를 집어 올려 6단계까지 완성된 해먹으로 옮겼더니, 그 애벌레는 이미 자신을 위해 진행된 작업을 전혀 활용하지 못했다. 자신의 해먹을 완성하기 위해 그 애벌레는 이전에 하다가 손을 놓은 3단계부터 다시 작업을 하려고 하면서 이미 끝난 일에 손을 대 그 일을 마치려고 애썼다.

본능은 신체적 구조만큼 각 종의 안녕에 중요하다. 본능은 곤충이나 동물이 각자의 생활 조건에서 살아남을 수 있게 도움을 준다. 그러다가 만약 생활 조건이 변하면, 본능의 미세한 변화가 그 상황에 도움을 줄 수도 있다. 본능에 조금이라도 변이가 생길 수 있다면, 자연 선택이 그 생물에게 이로운 변이를 보존하고 축적하지 않을 이유가 없다.

그래서 나는 가장 복잡하고 경이로운 본능은 모두 이런 식으로 생겨났다고 믿는다. 그것들은 우연히 생겨난 본능의 변이에 자연 선택이 작용하여 생겨났다. 이런 변이들은 신체적 형태에 미세한 변이를 만들어 내는 것과 동일한 미지의 원인에서 생겨난다.

본능과 자연 선택

복잡한 본능이 자연 선택을 통해 생겨나려면, 사소하지만 도움이 되는 변이가 느리고 점진적으로 아주 많이 축적되는 길밖에 없다. 나는 우리가 가장 복잡한 본능을 낳는 단계들을 얼마나 자주 발견할 수 있는지를 알고 깜짝 놀랐다.

자연 선택이 본능에 작용하려면 두 가지가 필요하다. 첫째, 어떤 생물의 본능에 변이가 일어나야 한다. 둘째, 그런 변이가 후손에게 전달되어야 한다.

본능에도 분명히 변이가 일어난다. 한 예는 새의 이동 본능이다. 같은 종 안에서 일부 새들은 나머지 새들과 다른 거리와 방향으로 이동하며, 일부 새들은 이동하는 본능을 잃은 것처럼 보이기도 한다. 새들이 둥지를 짓는 행동에서도 이런 일이 일어난다. 같은 종의 새들이 짓는 둥지에 차이가 나는 것은 나뭇가지나 지붕처럼 둥지를 짓는 장소에도 일부 이유가 있고, 사는 곳의 기온과 그곳에서 구할 수 있는 재료에도 일부 이유가 있다. 그러나 우리가 전혀 알지 못하는 원인 때문에 둥지를 짓는 방식에 차이가 날 수도 있다.

본능에 변이가 일어나는 또 다른 예는 동물이 사람에게 느끼는 두려움이다. 무인도에서 살아 사람과 접촉한 적이 전혀 없는 종은 처음에는 사람을 두려워하지 않지만, 점점 본능적 두려움이 생기게 된다. 영국에서도 큰 새들은 작은 새들보다 사람을 더 두려워하는데, 사람들이 주로 큰 새를 사냥하고 죽였기 때문이다. 무인도에서는 큰 새가 작은 새보다 두려움이 더 크지 않다.

자연 상태에서 자연 선택이 본능을 어떻게 빚어냈는지 이해하기 위해 두 가지 예를 살펴보자. 첫 번째 예는 어떤 새가 다른 새의 둥지에 알을 낳는 본능이다. 두 번째 예는 꿀벌이 벌집을 만드는 능력(일반적으로 박물학자들이, 알려진 모든 본능 중 손꼽을 정도로 경이로운 본능으로 꼽는 능력)이다.

다른 둥지에 알을 낳는 뻐꾸기 사례

뻐꾸기가 다른 종의 둥지에 알을 낳는 습성은 잘 알려져 있다. 어떤 기묘한 본능 때문에 어미 새는 자신의 알을 남의 둥지에 버려두고 떠나 다른 새에게

다윈이 언급한 뻐꾸기는 유럽에서 흔히 볼 수 있는 일반적인 뻐꾸기이다. 조류 중에는 둥지 기생 동물이 여러 종 있는데, 뻐꾸기도 그중 하나이다. 둥지 기생 동물은 다른 종의 둥지에 자신의 알을 낳는 종을 말한다. 다른 종의 부모 새는 둥지 기생 동물의 알에서 깨어난 새끼를 자신의 새끼로 여기고 보살피면서 키우는데, 둥지 기생 동물 새끼는 그 둥지에 있는 다른 종의 새끼들을 죽이는 경우가 많다.

개개비가 자기 새끼의 자리를 대신 차지한 새끼 뻐꾸기에게 먹이를 먹이고 있다.

그것을 부화하고 기르게 할까?

사람들은 일반적으로 이 본능의 원인이 뻐꾸기가 알을 2~3일 간격을 두고 하나씩 낳는 데 있다고 생각한다. 만약 뻐꾸기가 자신의 둥지를 만들고 거기다가 알을 낳는다면, 나온 날짜가 제각각 다른 알들과 새끼들이 같은 둥지에 섞여 있을 것이다. 그러면 알을 낳고 부화하는 과정이 길어져 아주 불편한데, 뻐꾸기는 일찍 이동을 하기 때문에 특히 불편하다. 그러나 이 본능은 어떻게 해서 생겨났을까?

뻐꾸기의 먼 조상이 자신의 둥지를 만들고 그 둥지에서 알과 새끼를 동시에 보살폈다고 가정해 보자. 그러나 가끔은 다른 새의 둥지에도 알을 낳았다고 하자. 만약 어미 뻐꾸기가 가끔 저지르는 이 습성으로 이익을 얻는다면, 혹은 그 새끼가 다른 새의 보살핌을 받아 더 강하게 자란다면, 어미 새와 다른 둥지에서 자란 새끼는 둘 다 유리한 위치에 서게 될 것이다.

그리고 이렇게 자란 새끼 뻐꾸기는 어미가 가끔 보인 특이한 습성을 물려받을 것이다. 이 새끼 뻐꾸기가 어미가 되면 다른 새의 둥지에 알을 낳을 가능성이 높으며, 그러면 자손을 많이 남기는 데 도움이 될 것이다. 나는 이 과정이 계속 이어진다면, 뻐꾸기의 기묘한 본능이 생겨날 수 있다고(그리고 생겨났다고) 믿는다.

경이로운 건축가, 벌

그 목적에 맞게 아주 아름답게 적응한 벌집의 정교한 구조를 보고서도 열렬한 존경심을 느끼지 못하는 사람은 오직 둔감한 관찰자뿐일 것이다.

수학자들은 벌이 소중한 밀랍 재료를 최소한만 사용해 최대한의 꿀을 저장하기에 딱 알맞은 모양으로 벌집의 방들을 만든다고 말한다. 적절한 연장과 측정 도구를 가진 숙련된 일꾼도 벌이 짓는 것과 같은 밀랍 방들을 만들기가 매우 어려울 것이라고 하는데, 많은 벌들은 캄캄한 벌집 속에서 그 일을 완벽하게 해낸다. 벌들은 이에 필요한 각도와 평면을 어떻게 만들어 내고, 그것들이 제대로 만들어졌는지 어떻게 알까?

이 작업이 겉보기만큼 많이 어려운 것은 아니다. 이 아름다운 전체 작업이 아주 단순한 몇 가지 본능에서 나온다는 것을 보여 줄 수 있다고 나는 생각한다.

도중의 작은 단계들이 보여 주는 단계적 차이의 위대한 원리를 살펴보면서 자연이 우리에게 자신의 작업 방법을 어떻게 보여 주는지 알아보자. 세 종류의 벌이 벌집을 만드는 방식을 보면, 투박하고 서투른 것에서부터 우아하고 수학적으로 완벽한 것까지 여러 가지가 있다. 벌집을 짓는 방식에 작은 변화를 낳은 본능의 변화가 가장 투박한 건축 방식부터 가장 우아한 건축 방식까지 다양한 건축 방식을 낳았다고 상상할 수 있다.

가장 투박한 구조는 뒤영벌이 만드는 벌집인데, 낡은 고치가 꿀을 저장하는 용기로 사용된다. 가끔 이 벌들은 고치 입구에 밀랍으로 만든 짧은 관을 덧대 용기를 더 길게 만들기도 한다. 밀랍으로 아주 불규칙하게 둥근 방들을 별도로 만들기도 한다.

가장 우아한 구조는 꿀벌이 만드는 벌집인데, 꿀이나 어린 벌들을 보관하는 용도로 벌집을 만든다. 벌집은 밀랍으로 만든다. 벌집은 방이라고 부르는 칸으로 채워져 있으며 그 수가 많다. 방들은 서로 양옆과 뒷면을 맞대고 이중으로 들러붙어 있다.

꿀벌 벌집의 각 방은 앞쪽이 열려 있다. 모든 방은 내용물이 쏟아져 나오지 않도록 위쪽으로 약간 기울어져 있다. 각 방은 벽이 6개의 면으로 이루어진 육각기둥 모양이다. 뒤쪽 벽

벌집에는 다양한 성장 단계의 애벌레들이 들어 있다.

과 옆쪽 벽은 뒤쪽과 옆쪽에 있는 다른 방들의 벽이기도 하다. 각 방의 뒤쪽은 3개의 평면으로 이루어져 있는데, 이 평면들은 바깥쪽으로 뻗어 나가면서 피라미드 모양을 이루고 있다. 이 피라미드는 뒤쪽에 있는 방들에서 바깥쪽으로 뻗어 나온 피라미드들 사이에 딱 들어맞는다. 모든 방은 이런 식으로 서로 맞물려 있다.

뒤영벌의 투박하고 서투른 벌집과 꿀벌의 우아한 벌집 사이에는 멕시코산 마야벌*Melipona domestica*의 벌집이 있다. 이 벌은 신체 구조가 뒤영벌과 꿀벌의 중간이지만, 그래도 꿀벌보다 뒤영벌에 더 가깝다. 마야벌은 밀랍으로 거의 동일한 원통 모양의 방들로 이루어진 벌집을 짓는다. 이 방에 알을 낳고 새끼가 부화한다.

마야벌은 꿀을 저장하기 위한 용도로 다른 종류의 더 큰 방들도 만든다. 꿀을 저장하는 방은 속이 텅 빈 공 모양인데, 이 방들이 모여 불규칙한 모양을 이룬다. 중요한 사실은 이 방들이 서로 아주 가까이 붙어 있어, 만약 방을 완전히 둥근 모양으로 만든다면 서로의 방을 침범할 수 있다는 점이다. 그러나 이 벌들은 절대로 그런 일이 일어나지 않게 한다. 즉

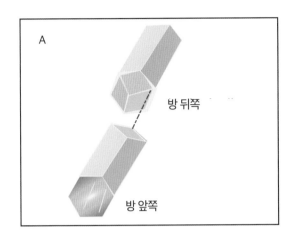

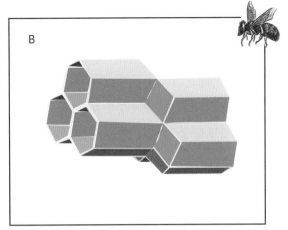

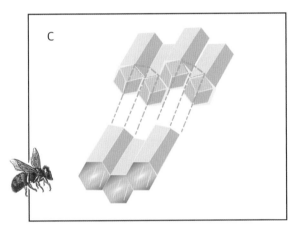

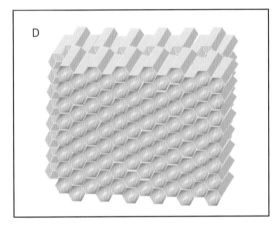

다윈은 꿀벌이 본능적으로 만드는 '우아한 구조'에 경탄했다. 이 구조의 기본 단위는 육각기둥 모양의 방이다. 방 앞쪽은 열려 있고, 뒤쪽은 6개의 변에서 삼각형 면 3개가 솟아올라 피라미드 모양을 하고 있다.

방들은 서로 뒷면을 맞대고 붙어 있다. 각 방의 뒤쪽에 있는 피라미드의 세 평면은 다른 세 방의 뒤쪽 일부가 될 수도 있다. 파란색으로 표시된 부분은 다른 두 방과 공유한 평면이다(A). 방들은 집단적으로 만들어지는데, 뒷면을 맞댄 방들은 열린 앞쪽이 서로 반대 방향을 향한다(B). 방들을 계속 지어 감에 따라 각각의 방은 6개의 옆면을 같은 방향을 향한 6개의 방과 공유한다. 그리고 뒤쪽 벽은 반대 방향을 향한 3개의 방과 공유한다(C). 이렇게 이중으로 쌓인 방들이 모여 벌집이 완성된다(D).

둥근 방들 사이에 밀랍으로 편평한 벽을 만들어서 방들이 서로 합쳐지지 않게 한다.

따라서 꿀을 저장하는 마야벌의 방들은 바깥쪽으로 공 모양으로 튀어나온 부분과 편평한 벽들로 이루어져 있는데, 벽의 수는 맞닿아 있는 다른 방의 수에 따라 2개, 3개 또는 그 이상일 수 있다. 한 방이 세 방과 맞닿아 있는 경우, 꿀벌 벌집의 뒤쪽 벽이 피라미드 모양인 것과 비슷하게 세 평면이 피라미드 모양을 이룬다.

만약 마야벌이 방들을 서로 항상 똑같은 간격으로, 그리고 모두 같은 크기로 만들고, 두

충으로 배열한다면, 그 결과는 꿀벌의 벌집과 똑같아 보이지만 앞뒤 방향의 길이가 더 짧은 형태가 될 것이다. 만약 그러고 나서 마야벌이 뒤영벌처럼 밀랍으로 관을 덧붙여 방들을 더 길게 만든다면, 그 모양은 꿀벌의 벌집에 더욱 가까워질 것이다.

다시 말해서, 마야벌의 본능을 조금만 변화시킨다면, 이 벌은 꿀벌만큼 경이로운 구조의 벌집을 만들 것이다. **나는 꿀벌이 다른 종의 벌들에서 관찰되는 단순한 본능의 변화를 통해 자신만의 독특한 건축 능력을 얻었다고 믿는다.**

본능과 유전

나는 이 장에서 자연 상태에서 본능이 약간 변한다는 것을 보여 주려고 했다. 본능이 각 동물에게 아주 중요하다는 사실은 누구도 부인하지 못할 것이다. 동물에게 어떤 식으로건 도움이 된다면, 자연 선택은 본능의 미소한 변화를 축적시킬 것이다.

본능이 항상 절대로 완벽한 것은 아니다. 본능은 실수를 저지를 수도 있다. 새의 이동 본능이 제대로 작동하지 않아 새가 목적지에서 수백 km나 벗어난 곳에 도착하는 일이 일어날 수도 있다. 심지어 꿀벌도 가끔 엉뚱한 모양의 방이나 불규칙한 모양의 벌집을 만든다.

본능에 관한 그 밖의 몇 가지 사실은 자연 선택의 작동을 강하게 뒷받침한다. 유연관계가 가깝지만 서로 아주 멀리 떨어지고 환경이 아주 다른 곳에서 살아가는 종들의 사례를 살펴보자. 그런 종들은 거의 같은 본능을 갖고 있는 경우가 많은데, 공통 조상으로부터 본능을 물려받았기 때문이다.

유전은 왜 남아메리카의 개똥지빠귀가 영국의 개똥지빠귀와 똑같은 방식으로 둥지 안쪽 면에 진흙을 바르는지 설명해 준다.

유전은 또한 남아메리카에 사는 수컷 굴뚝새나 영국에 사는 수컷 굴뚝새는 서로 종이 다른데도 암컷에게 구애할 때 왜 서로 비슷한 둥지를 만드는지(이것은 알려진 다른 새들의 습성과는 완전히 다른 습성이다) 설명해 준다.

우리는 어떤 본능을 잔인하다고 느낄 수 있다. 다른 종의 둥지에서 부화한 새끼 뻐꾸기는 흔히 그 둥지의 새끼 새를 둥지 밖으로 밀어 떨어뜨린다. 개미는 다른 개미를 잡아 와 노예로 부린다. 말벌은 살아 있는 애벌레에 알을 낳는

개똥지빠귀의 둥지. 개똥지빠귀는 진흙을 부리로 물어 와 둥지 안쪽 면에 바름으로써 둥지를 부드럽고 단단하게 만든다.

데, 알에서 깨어난 말벌 유충은 애벌레의 몸속에서부터 그 살을 먹어치운다. 나는 이런 본능은 특별히 창조된 것이 아니라, 모든 생물에 적용되는 법칙의 결과로 생겨났다고 보는 것이 훨씬 만족스러운 설명이라고 생각한다. 자연의 법칙은 수를 늘리고, 다양화시키고, 강한 것을 살리고 약한 것을 죽이는 것이다.

8장
규칙과 노새

두 종을 인위적으로 이종 교배시킨 결과로 태어난 자손은 생식 능력이 없는 경우가 압도적으로 많다. 두 종을 교배시키면 그 사이에서 아예 자손이 태어나지 않거나 잡종인 자손이 태어나는데, 이렇게 태어난 잡종은 생식 능력이 없어 더 이상 후손이 생기지 않는다.

이종 교배는 서로 다른 두 종이나 두 변종 간에 일어나는 교배를 말한다.

잡종은 이종 교배를 통해 태어난 자손이다.

박물학자들은 대부분 현재 존재하는 그 모습대로 종들이 생겨났으며, 이종 교배를 막기 위한 불임의 속성을 갖고 태어났다고 믿는다. 이종 교배의 결과로 자손들이 마구 태어난다면, 모든 생물들 사이에서 온갖 잡종이 생겨나 큰 혼란이 발생할 것이기 때문이다. 잡종의 불임은 잡종에게는 아무 이득도 되지 않는다. 그렇다면 어떻게 자연 선택은 종들에게 이종 교배를 피함으로써 생식 능력이 있는 자손을 낳을 수 있게 할 수 있었을까?

나는 불임이 특별히 생겨난 속성이 아님을 보여 주려고 한다. 그것은 자연 선택이 낳은 다른 차이들에 부수적으로 딸려 온 속성이다.

그랜드캐니언을 지나가는 노새 행렬. 사람들은 오래전부터 말과 당나귀를 이종 교배시켜 노새를 만들었다. 노새는 강인하고 발이 튼튼하여 짐을 나르는 수단으로 쓰기에 아주 좋다.

생식 능력과 불임

생식 능력과 불임은 종과 종 사이에서 나타나는 양상과, 변종과 변종 사이에서 나타나는 양상이 서로 다르다. 어떤 종의 동물이나 식물을 다른 종과 이종 교배시키면, 일반적으로 자손이 전혀 생기지 않거나 생기는 자손의 수가 아주 적다. 이런 사례는 압도적으로 많은데, 동물이나 식물이 이미 같은 종의 배우자와 교배하여 자손을 생산한 적이 있는 경우에도 그렇다.

노새는 암말과 수탕나귀 사이에서 태어난 잡종이다. 한편, 수말과 암탕나귀 사이에서 태어난 잡종은 버새라고 부른다.

두 종의 이종 교배를 통해 노새나 버새 같은 잡종 자손이 태어나더라도, 이런 잡종은 일반적으로 생식계에 문제가 있어 자손을 낳을 수 없다. 이종 교배의 최종 결과는 불임인데, 설사 그 사이에서 자손이 태어나더라도 그 자손은 생식 능력이 없기 때문이다.

이번에는 변종, 즉 같은 종 내에서 종류가 다른 동물들을 살펴보자. 변종끼리의 이종 교배에서는 일반적으로 번식력이 유지되는 결과가 나온다. 즉, 둘 사이에서 자손이 태어날 뿐만 아니라, 그 자손도 생식 능력이 있다.

생식 능력과 불임의 양상에서 나타나는 이런 차이는 종과 변종이 아주 다르다는 것을 보여 준다. 변종은 이종 교배가 가능한 반면, 종은 이종 교배가 불가능하다. 그러나 종들 사이의 이종 교배 사례 몇 가지를 더 자세히 살펴보자. 우리는 생식 능력과 불임이 항상 절대적인 규칙은 아님을 보게 될 것이다. 둘 다 각각의 사례에 따라 정도의 차이가 있다.

두 식물 종의 이종 교배

다양한 종의 식물을 이종 교배시켰을 때 나타나는 불임의 정도는 제각각 다르다. 유연관계가 가까운 종들을 이종 교배시키면 잡종 자손이 생기는데, 이들 자손에게서 항상 생식 능력이 완전히 사라지는 것은 아니다. 이들 자손에게서 생식 능력은 세대가 지남에 따라 단계적으로 사라질 수 있다.

그러나 많은 관찰자는 식물 종들 사이의 이종 교배에서는 불임이 아주 보편적이라고 말한다. 한 전문가는 식물 종들 사이의 이종 교배 결과는 '모두' 불임이라고 말했다. 그러나 많

신화에 나오는 동물 중에는 상상력으로 만들어 낸 잡종이 많다. 그리스 신화의 한 이야기에서 벨레로폰은 날개 달린 말 페가수스를 타고 사자 머리에 염소 몸통, 뱀 꼬리를 가진 괴물 키메라와 싸운다.

은 전문가들이 별개의 종이라고 생각한 두 종류를 이종 교배시켜 자손이 생기자, 그 전문가는 조금도 주저하지 않고 두 종류가 종이 아니라 변종이라고 주장했다.

또 다른 전문가는 식물 종들 사이의 이종 교배 결과는 불임이라고 주장하면서 씨의 수를 그 근거로 삼았다. 그는 두 종을 인위적으로 교배시켜 생겨난 씨(만약 씨가 생긴다면)의 수를 세심하게 세었다. 그다음에는 잡종 자손들이 만드는 씨의 수를 세었다. 그리고 이 수들을 두 부모 종이 자연에서 같은 종끼리 교배하여 만드는 씨의 수와 비교했다. 잡종이 만들어 낸 씨는 순종인 부모 종이 만든 것보다 그 수가 적었는데, 이 전문가는 이 결과를 불임이 어느 정도 나타나는 증거로 간주한다.

하지만 나는 이 주장에서 중대한 오류의 원인을 찾아냈다. 이 전문가는 실험한 식물들을 거의 다 자기 집 화분에서 길렀다. 이런 조건은 식물의 생식 능력을 떨어뜨리는 원인이 되는 경우가 많다. 따라서 그 밖의 많은 종들도 이종 교배를 시켰을 때 불임이 나타날 것이라는 그의 주장은 당연히 의심할 수밖에 없다.

생식적 격리

『종의 기원』에서 다윈은 시종일관 종은 고정돼 있고 불변이라는 전통적인 견해를 반박했다. 다윈은 종은 변할 수 있을 뿐만 아니라, 시간이 지나면 아주 많이 변해 완전히 새로운 종이 될 수 있다는 사실을 깨달았다.

이 장에서는 그러한 주장의 일부를 펼쳤다. 여기서 다윈은 그 당시 거의 모든 사람이 믿었던 것 즉 종은 현재의 형태대로 특별히 창조되었다는 주장을 반박한다. 그 당시 사람들은 종 간의 이종 교배는 혼란스러운 혼합을 초래할

것이기 때문에 다른 종들 사이에는 절대로 이종 교배가 일어날 수 없다고 믿었다. 불임의 목적은 그러한 혼돈을 막는 든든한 장벽 역할을 하는 것이라고 믿었다.

다윈은 종들의 이종 교배에서(그리고 이종 교배로 생겨난 잡종 자손들 간의 교배에서) 생식 능력과 불임을 검토하면서 종 간의 장벽이 완전히 튼튼한 것이 아니라 약한 지점이 여기저기 있음을 보여 주려고 했다. 다윈은 이종 교배의 결과로 생식에 성공하거나 생식 능력이 있는 잡종이 태어나

수컷 서부회색늑대와 암컷 서부코요테의 인위적 교배를 통해 태어
난 새끼 코이늑대 세 마리. 이 실험은 늑대와 코요테가 야생에서 이
종 교배를 하는지 알아내기 위한 연구 계획의 일환으로 추진되었다.

는 경우가 드문 반면, 가끔은 그런 일이 일어난다고 지적
했다. 이것은 생식 능력과 불임이 고정돼 있지 않고 절대
적인 것도 아니라는 다윈의 주장을 뒷받침한다. 그 대신에
동식물의 다른 형질들처럼 여기에도 자연적인 변이가 나
타난다.

다윈은 '종'을 오늘날의 생물학자들보다 훨씬 느슨하게
정의했다(종을 정의하는 현대적 접근법에 대해 더 자세한 내용은 2장
의 '통합파와 세분파' 참고). 다윈의 정의에서는 '종'과 '변종'이라
는 범주가 뒤섞여 있었고, 종을 구분하는 분명한 경계선도
없었다. 그러나 오늘날의 과학자들은 유성 생식(부모의 생식
세포가 결합되어 새로운 생명체가 만들어지는 생식법)을 하는 종을
생식적 격리라는 개념으로 정의한다(유성 생식을 하지 않는 세
균과 그 밖의 생물의 경우 종을 정의하기가 더 어렵다).

'생식적 격리'는 짝을 찾지 못하는 외로운 동물이나 근
처에 수분을 시켜 줄 꽃가루가 없이 홀로 자라는 식물을
가리키는 말이 아니다. 생식적 격리는 한 종이 다른 종과
이종 교배를 해 생식 능력이 있는 자손을 낳지 못하도록
방해하는 모든 요인을 가리킨다. 그런 요인은 유전적인 것
일 수도 있다. 예컨대 두 종의 DNA에 있는 어떤 요인 때
문에 두 종이 짝짓기를 하더라도 수정이 일어나지 않거나
자식이 정상적으로 발달하지 못할 수 있다. 하지만 생식적
격리는 지리적 요인(종들이 서로 다른 장소에서 번식하는 경우)이
나 행동학적 요인(다른 종들끼리 짝짓기를 하려고 하지 않는 경우)
때문에 일어날 수도 있다. 야생에서 이종 교배를 하지 않

는 종들이 동물원처럼 비자연적 환경에서 가끔 이종 교배
를 하는 일이 일어나는 것은 이 때문이다.

만약 두 종의 개체 사이에서 생식 능력이 있는 자손이
태어난다면, 과학자들은 그 부모가 정말로 서로 다른 종인
지 다시 검토한다. 예를 들면, 코요테와 늑대와 개 사이에
서 생식 능력이 있는 새끼가 태어날 수 있는데, 이 때문에
일부 생물학자들은 이 세 동물이 같은 종의 세 아종이라
고 주장한다.

다윈과 현대 생물학자 사이에는 또 한 가지 차이점이
있는데, 오늘날의 과학자들은 불임의 유전적 기초를 잘
안다. 다윈은 말과 당나귀가 이종 교배를 통해 노새와 버
새를 낳을 수 있고, 이 잡종들은 생식 능력이 없다는 사실
을 알았지만, 왜 그런지는 몰랐다. 오늘날 우리는 말과 당
나귀의 염색체 수가 다르기 때문에 그런 일이 일어난다는
사실을 안다. 말과 당나귀의 유전 물질은 서로 결합하여
자손을 만들 수 있지만, 그렇게 해서 태어난 자손은 생식
세포가 제 기능을 하지 못한다.

그런데 아주 드물긴 하지만 암컷 노새나 버새가 수말
이나 수탕나귀와 짝짓기하여 새끼를 낳은 사례가 일부 있
다. 과학자들은 이 희귀한 사건이 우연히 암컷의 염색체가
수컷의 염색체와 나란히 늘어설 때 일어난다고 생각한다.
다윈은 이러한 희귀한 사건이 종 사이의 장벽이 이따금씩
허물어지는 증거이며, 불임은 자신의 이론을 반박하는 논
거가 될 수 없다고 주장했을 것이다.

꽃이 활짝 핀 로벨리아.

반면에 순종의 생식 능력은 기온이나 강수량 변화 또는 수분을 돕는 곤충 감소 같은 환경 변화에 쉽게 영향을 받는다.

모든 실용적 목적에서 볼 때, 식물의 경우 완전한 생식 능력이 끝나고 불임이 시작되는 지점이 정확하게 어디인지 말하기 어렵다. 앞에서 언급한 두 전문가가 같은 종에 대해 서로 다른 결론을 내놓았다는 사실보다 이것을 뒷받침하기에 더 좋은 증거도 없을 것이다.

특정 종의 로벨리아처럼 일부 식물은 자기 종보다는 다른 종의 꽃가루에 수분이 훨씬 쉽게 일어난다(심지어 자기 종의 꽃가루가 다른 종을 수분시킬 정도로 아주 훌륭할 때조차도). 이 사실은 어떤 식물은 같은 종과 수분하여 자손을 만드는 것 보다 다른 종과 수분하여 잡종을 만들기가 훨씬 쉽다는 걸 뜻한다!

로벨리아는 꽃식물 중 한 속屬으로, 알려진 종수만 400종이 넘는다.

우리는 같은 종의 개체들 사이에서도 생식 능력과 불임의 차이가 나타난다는 사실을 알 고 있다. 일부 개체는 자손을 많이 낳는 반면, 어떤 개체는 자손을 덜 낳거나 전혀 낳지 못

네팔의 숲에서 살아가는 문착.

한다. 마찬가지로 같은 종이라 하더라도 다른 종과 이종 교배했을 때 나타나는 생식 능력은 개체에 따라 다양한 차이가 있는 것처럼 보인다.

두 동물 종의 이종 교배

동물 종의 이종 교배 실험은 식물 종보다 훨씬 적게 일어났다. 사육 환경에서 자유롭게 번식하지 않는 동물을 대상으로 실험을 하기는 특히 더 어렵다. 예를 들면, 카나리아(핀치의 한 종류)를 아홉 종의 핀치와 이종 교배시키는 실험이 있었지만, 아홉 종의 핀치 중 사육 환경에서 번식시키기 쉬운 것은 단 한 종도 없다. 이들 사이에서 태어난 새끼나 잡종이 완전한 생식 능력을 갖지 못하는 한 가지 이유는 이 때문일 수 있다.

나는 생식 능력이 있는 잡종 동물의 존재가 완벽하게 입증된 사례를 하나도 알지 못한다.

그러나 두 종의 문착(muntjac, 동남아시아 원산의 작은 사슴) 사이에서 생식 능력이 있는 잡종이 태어났다고 믿을 만한 근거가 약간 있다. 다양한 종의 공작 사이에서 태어난 잡종에 대해서도 똑같이 말할 수 있다.

동식물 종의 이종 교배에 관한 이런 사실들을 살펴보면, 그 사이에서 태어난 자손이나 잡종은 대부분 어느 정도 불임이 나타난다. 그러나 현재 우리가 알고 있는 지식으로는 불임이 절대적으로 보편적인 현상이라고 볼 수 없다.

생식의 법칙

이번에는 이종 교배로 태어난 1대 잡종의 불임을 지배하는 상황과 법칙을 살펴보자. 이 법칙들은 이종 교배와 종 간의 혼합이 큰 혼란을 불러일으키는 걸 막기 위해 불임이 생겨났음을 보여 주는가?

다음의 법칙들과 결론은 주로 일부 훌륭한 식물학자들이 진행한 식물 연구에서 나온 것이다. 나는 이 법칙들이 동물에게도 어느 정도 적용되는지 알아보려고 노력했다. 잡종 동물에 대한 우리의 빈약한 지식을 고려할 때, 동일한 법칙들이 일반적으로 동물계와 식물계 모두에 적용된다는 사실에 나는 크게 놀랐다.

나는 이종 교배로 태어난 1대 잡종과 1대 잡종의 자손 모두에서 생식 능력이 0에서부터 완전한 생식 능력에 이르기까지 정도의 차이가 다양하게 나타난다고 이미 지적했다. 생식 능력이 완전히 0인 경우는 한 과科의 식물 꽃가루가 다른 과 식물의 생식 기관에 옮겨갈 때 볼 수 있다. 이 경우, 꽃가루가 미치는 영향은 먼지와 다를 바가 없다.

다윈이 여기서 사용한 '과科'라는 용어는 생물 분류학상의 한 범주로, 과 위에는 목目, 아래에는 속屬이 있다.

그러나 같은 속에 속한 종들을 이종 교배시켰을 때 일어나는 일을 살펴보자. A 종 식물이 같은 속의 B, C, D, E 종의 꽃가루를 받는 상황을 가정해 보자. 즉, A 종의 각 개체가 다른 종의 어느 개체로부터 꽃가루를 받는다고 하자. 그러면 A 종이 만드는 씨의 수는 제각각 다르게 나타나는데, 완전한 생식 능력을 보여 줄 만큼 많은 씨를 만드는 경우도 있다. 일부 비정상적인 경우에는 같은 종의 꽃가루로 수분을 했을 때보다 더 많은 씨를 만들기도 한다.

오늘날의 식용 식물 중에는 인위적으로 만든 잡종이 많다. 사진의 비터 오렌지는 귤과 포멜로의 잡종이다.

이 결과로부터 종들을 이종 교배시킬 때 생식 능력과 불임은 정도의 차이가 다양하게 나타난다고 결론 내릴 수 있다.

잡종 식물도 마찬가지다. 일부 잡종 식물은 씨가 전혀 생기지 않지만, 어떤 잡종 식물은 자가 수분을 통해 점점 더 많은 씨를 만들다가 완전한 생식 능력을 나타내기까지 한다.

이종 교배가 일어나기 아주 어렵고 자손이 생기는 경우가 아주 드문 두 종 사이에서 태어난 잡종은 일반적으로 생식 능력이 없다. 그러나 부모의 이종 교배가 쉽거나 어려운 정도가 잡종 자손의 불임이나 생식 능력을 좌우하는 것은 아니다.

두 순종 사이에 이종 교배가 쉽게 일어나 잡종 자손을 만든 사례가 많지만, 이 잡종들에서는 불임이 두드러지게 나타난다. 반면에 두 종 사이에 이종 교배가 아주 드물게 일어나거나 아주 어렵게 일어나지만, 결국 태어나기만 한다면 둘 사이에서 태어난 잡종이 뛰어난 생식 능력을 가진 사례도 있다. 심지어 같은 속의 식물 안에서도 정반대되는 이 두 가지 사례가 모두 나타날 수 있다.

개개 생물의 다른 특징과 마찬가지로 생식 능력의 정도도 가변적이다. 동일한 환경에서 동일한 두 종을 이종 교배시키더라도 생식 능력이 항상 똑같은 것은 아니다. 실험을 위해 선택된 개체의 특성이 생식 능력을 좌우하는 일부 요인이 된다. 잡종의 경우에도 마찬가지다.

어떤 종류의 차이가 있어야 또는 어느 정도의 차이가 있어야 두 종이 이종 교배를 통해 자손을 낳지 못하게 막는 데 충분한지 알아낸 사람은 아무도 없다. 꽃과 꽃가루, 열매 등에서 뚜렷한 차이를 보이면서 습성과 겉모습에 큰 차이가 있는 식물들도 이종 교배를 시킬 수 있다. 서로 다른 서식지와 아주 다른 기후에서 살아가는 식물들도, 심지어 낙엽수와 상록수도, 이종 교배가 쉽게 일어나는 경우가 많다. 따라서 이종 교배의 성공 여부를 가늠할 수 있는 외부적 단서는 전혀 없다고 결론 내릴 수 있다.

낙엽수는 상록수와 달리 가을이나 겨울에 잎이 떨어졌다가 봄에 새잎이 나는 나무를 말한다.

상반 교잡(相反交雜, '상호 교잡'이라고도 함)에는 각 종에서 두 쌍의 암수가 필요하다. 예를 들면, 말 같은 한 종의 수컷이 당나귀 같은 다른 종의 암컷과 교잡한 뒤, 첫 번째 종(말)의 암컷이 두 번째 종(당나귀)의 수컷과 교잡한다. 이렇게 각 방향으로 짝짓기가 일어나면, 두 종은 상반 교잡이 일어났다고 말한다.

말과 당나귀의 상반 교잡에서는, 수말과 암탕나귀의 자손으로 암컷 또는 수컷 버새가 태어난다. 암말과 수탕나귀 사이에서는 노새가 태어나며, 노새 역시 암컷 또는 수컷일 수 있다. 버새와 노새는 여러 가지 점에서 차이가 있는데 둘 다 생식 능력이 없다. 버새는 노새보다 훨씬 적게 만들어진다. 버새는 일반적으로 노새보다 몸집이 작고, 귀는 더 짧고, 갈기와 꼬리는 더 길다.

상반 교잡에서 두 쌍은 서로 아주 다른 결과를 낳는 경우가 많다. 동일한 두 종 사이의 상반 교잡에서 나타나는 이러한 결과 차이는 오래전부터 관찰돼 왔다. 한 식물학자는 분꽃*Mirabilis*속의 종들을 가지고 실험을 했다. 그는 보통 분꽃*Mirabilis jalapa*이 미라빌리스 롱기플로라 *Mirabilis longiflora*의 꽃가루에 쉽게 수분이 일어나 생식 능력이 있는 잡종을 만든다는 사실을 발견했다. 그러나 그는 8년 동안 미라빌리스 롱기플로라를 보통 분꽃의 꽃가루로 수분시키는 상반 교잡 시도를 200

번 넘게 했으나 성공하지 못했다.

이 사례들은 아주 중요하다. 이 사례들은 어떤 두 종의 이종 교배 능력은 우리 눈에 보이지 않으면서 생식계와 관계 있는 차이와 연관이 있음을 입증한다. 내 이론에 가장 중요한 것은 이 법칙들과 사실들이 교잡종과 잡종의 불임이 절대적인 것이 아님을 보여 준다는 점이다.

여기서 다윈은 불임이 종의 혼합을 가로막는 완전한 장벽이 아니기 때문에 종의 변화를 막기 위해 특별히 만들어진 것이 아니라고 주장한다. 그런 교잡종이 '일반적으로' 불임이라는 사실만으로 자연 선택을 뒤집어엎기에는 충분치 않다.

9장
암석이 말해 주는 것

6장에서 나는 이 책의 견해를 논박할 수 있는 주요 반론들을 열거했다. 그중 대부분은 지금까지 이미 충분히 다루었다. 남아 있는 어려운 문제 중 가장 명백한 것은 지각에서 발견되는 화석에 관한 것이다.

모든 종은 제각각 독특하다. 이것은 종들이 한 종에서 다른 종으로 변해 가는 무수한 중간 연결 고리를 통해 서로 섞이지 않는다는 뜻이다. 6장에서 나는 그런 연결 고리들이 오늘날 왜 흔히 나타나지 않는지 그 이유를 설명했다. 나는 또한 오래된 형태들을 새로운 형태들과 연결하는 중간 변종들이 그들이 연결하는 형태들보다 왜 더 적게 존재하는지 보여 주려고 시도했다. 중간 변종들은 일반적으로 변화 과정에서 경쟁에서 져 절멸한다.

자연 선택 과정을 통해 새로운 변종들은 끊임 없이 부모 종을 대체하고 절멸시킨다. 그런데 이러한 절멸은 아주 엄청난 규모로 일어났기 때문에 이전에 존재한 중간 변종들의 수는 엄청나게 많았을 것이다. **그렇다면 왜 지구의 모든**

1850년대의 런던에서는 실물 크기의 멸종 동물 모형들이 큰 인기를 끌었다. 지금도 런던의 한 자치구인 브롬리에서 이 두 이구아노돈과 그 밖의 수정궁 공룡들(이 동물들을 일컫는 이름)을 전시하고 있다.

곳에 중간 연결 고리에 해당하는 화석들이 지천으로 널려 있지 않을까? 지질학은 그렇게 미세한 단계들로 연결된 생명의 사슬을 드러내 보여 주지 않는다. 아마도 이것은 내 이론에 맞서 제기할 수 있는 가장 위협적인 반론일 것이다. 그러나 나는 지질학적 기록의 심각한 불완전성으로 이 문제를 충분히 설명할 수 있다고 생각한다.

중간 화석들은 어디에 있는가?

이전에 어떤 종류의 중간 형태들이 존재했을까? 나 자신도 어떤 두 종을 살펴볼 때면 나도 모르게 그 두 종을 직접 연결하는 중간 형태를 상상해 보려고 한다. 그러나 이것은 완전히 잘못된 생각이다. 그 두 종과 그 둘의 조상에 해당하는 미지의 종 사이에 존재했던 형태를 찾아야 한다. 이 미지의 조상은 일반적으로 그 후손들 모두와는 아주 많이 다른 형태였을 것이다.

살아 있는 동물 중에서 말과 맥처럼 서로 분명히 구별되는 종들을 볼 때, 둘 사이를 잇는 직접적인 연결 고리가 존재한 적이 있다고 가정해야 할 이유가 없다. 그러나 두 종의 해부학적 구조를 연구한 결과로부터 우리는 말과 맥의 유연관계가 아주 가깝다는 사실을 안다. 그 관계는 두 동물과 사슴의 관계 또는 두 동물과 소의 관계보다 더 가깝다.

말과 맥은 둘 다 미지의 동일한 부모 종으로부터 유래했다. 그 조상은 말과 맥을 닮았겠지만, 그 구조는 말이나 맥과 많이 달랐을 것이다―아마도 말과 맥 사이의 차이보다 그 차이가 더 컸을 것이다.

내 이론은 살아 있는 어떤 형태가 아직 살아 있는 다른 형태로부터 유래했을 가능성을 배제하지 않는다. 그런 경우에는 둘 사이에 직접적인 중간 연결 고리가 존재했을 것이다. 그러나 이런 일이 일어나려면, 한 형태가 아주 오랫동안 변하지 않은 채 남아 있는 반면, 그 후손들은 큰 변화가 일어나야 한다. 경쟁의 원리 때문에 이것은 아주 일어나기 힘든 사건이다. 변화를 통해 주변의 조건에 더 잘 적응하게 된 새로운 생명 형태는 오래된 형태를 대체하는 경향이 있다.

자연 선택 이론에 따르면, 살아 있는 모든 종은 같은 속의 부모 종과 연결돼 있다. 그 부모 종은 지금은 대부분 멸종했지만, 더 오래된 종과 연결돼 있었고, 이런 식으로 각각 거대

어미 맥과 그 새끼를 묘사한 1882년의 판화.

한 강綱을 아우르는 조상까지 계속 거슬러 올라간다.

　살아 있는 모든 종과 멸종한 종들 사이에 존재한 중간 연결 고리의 수는 상상할 수 없을 만큼 많았을 것이다. 내 이론이 옳다면, 그렇게 많은 중간 형태들이 분명히 이 지구 위에서 살아갔을 것이다.

　그렇게 무한히 많은 연결 고리에 해당하는 화석들은 지금까지 발견되지 않았다. 자연 선택을 통한 변화는 아주 느리게 일어나기 때문에, 그토록 많은 변화가 일어날 만큼 충분한 시간이 지나지 않았다고 말하는 사람도 있을 것이다. 그러나 지질학은 우리가 감을 잡기 힘들 만큼 엄청나게 많은 시간이 흘렀다고 말한다.

북극곰(흰색) 두 마리와 큰곰 네 마리. 과학자들은 북극곰*Ursus maritimus*이 큰곰*Ursus arctos*에서 유래했다고 본다. 진화의 시간으로 볼 때 이 사건은 비교적 최근에 일어났기 때문에, 두 종은 가끔 이종 교배를 해 생식 능력이 있는 잡종을 낳는다.

광대한 과거

찰스 라이엘(1797~1875)의 대작 『지질학의 원리』를 읽고서도 과거에 상상하기 힘들 만큼 많은 시간이 흘렀다는 사실을 인정하지 못하는 사람은 당장 이 책을 덮어도 된다. 그러나 지질학 책을 읽는 것만으로는 지구의 나이에 대한 감을 제대로 잡을 수 없다. 몇 년 동안 층층이 쌓인 높은 지층 더미를 조사하고, 오래된 암석을 깎아 내고 새로운 퇴적층을 만드는 바다의 작용을 지켜보아야만 과거에 얼마나 장구한 시간이 흘렀는지 감을 잡을 수 있다.

약간 단단한 암석들로 이루어진 해변을 거닐면서 암석이 어떻게 붕괴하는지 살펴보는 것도 좋다. 대개의 경우 조수는 하루에 두 번 아주 짧은 시간 동안만 절벽에 이르고, 파도는 모래와 자갈을 머금고 있을 때만 절벽을 깎아 낸다. 그래도 시간이 많이 지나면, 절벽 밑부분이 파여 나간다. 그리고 거대한 암석 파편들이 무너져 내린다. 이 파편들은 계속 깎여 나

지질학자인 찰스 라이엘은 다윈의 친구이자 그에게 과학적으로 큰 영향을 미친 사람이었다. 라이엘이 기술한 지구의 긴 역사는 다윈의 이론에서 중요한 기반이 되었으며, 라이엘은 다윈에게 그 이론을 책으로 써서 출판하라고 권했다.

가다가 파도에 실려 이리저리 굴러다니면서 마모되어 자갈이나 모래나 진흙으로 변한다. 그런데 절벽 아랫부분에 큰 바위들이 해초에 덮인 채 널려 있는 모습을 자주 볼 수 있다. 이것은 암석이 마모되는 과정이 얼마나 느리게 일어나는지 보여 주며, 파도에 실려 굴러다니는 일도 아주 드물게 일어난다는 것을 보여 준다.

마모되어 둥글어진 자갈로 이루어진 수백 미터 두께의 퇴적암층을 보라. 각각의 지층에는 시간의 도장이 찍혀 있다. 먼 옛날의 바다와 호수 바닥에서 이 거대한 퇴적암층이 쌓이는 과정은 얼마나 느리게 일어났겠는가! 그리고 이 바닥이 나중에 수면 위로 솟아오른 뒤 퇴적암층이 바람과 비와 강물에 침식되는 과정은 또 얼마나 느리게 일어났겠는가!

영국에서 여러 지질 시대에 해당하는 퇴적암층의 최대 두께를 추정한 값을 모두 더하면 무려 약 22km나 된다. 이 지층들 중 일부는 영국에서는 얇지만,

다윈 시대의 지질학자들은 먼 과거에 지표면 일부가 솟아오르고('융기') 밑으로 가라앉는('침강') 과정을 반복하면서 해저가 산맥으로 변하거나 육지가 바다로 변하는 일이 일어났다는 사실을 알고 있었다. 그러나 이러한 변화가 지각 아래에서 용융 상태의 암석이 천천히 움직이면서 일어난다는 사실은 몰랐다. 더 자세한 내용은 11장의 '이동하는 대륙'을 참고하라.

지각에서 독특한 지층들이 아주 멀리까지 뻗어 있는 경우가 가끔 있다. 지질학자들은 지층의 구성 성분과 정체가 밝혀진 다른 지층들 사이에 자리 잡은 그 위치로 그 지층이 어떤 지층인지 알아낸다.

유럽 대륙에서는 같은 지층의 두께가 수백 미터나 된다. 게다가 지질학자들은 대부분 한 지층이 쌓이고 다음 지층이 쌓이기까지, 그 사이에 엄청나게 긴 시간이 흘렀다고 생각한다. 따라서 각각의 퇴적암층이 쌓이는 데 걸리는 시간을 계산하는 것만으로는 이 지층들이 모두 쌓이는 동안 실제로 흐른 시간을 정확하게 추정할 수 없다. 그러나 이것만 해도 얼마나 많은 시간이 걸렸겠는가!

시간의 경과를 보여 주는 최고의 증거는 많은 장소에서 지층의 표면이 침식된 양이다. 나

크레타섬의 퇴적암. 이 지층들은 이 땅이 편평한 해저 바닥이었을 때 퇴적물이 천천히 쌓여 만들어졌다. 그러고 나서 지각 변동으로 지층이 구부러지면서 습곡과 단층이 생겼다.

는 화산섬들에서 파도에 침식되어 높이 300~600m의 가파른 절벽으로 변한 지형을 보고서 그 침식의 증거에 크게 놀랐다.

지표면에 난 큰 균열인 단층(지각 변동으로 지층이 갈라져 어긋난 지형)은 같은 이야기를 더 분명하게 말해 준다. 이런 단층에서 지각이 갈라진 이후로 긴 시간이 흐르는 동안 지표면은 완전히 침식되어, 지표면 아래의 암석 기록 외에는 이 거대한 단층의 흔적은 어느 곳에도 전혀 남아 있지 않다.

한 가지 예를 더 소개하고 싶다. 영국 남부의 백악 절벽 사이에 있는 저지

단층은 협곡의 암벽 또는 절벽에서 수직 방향의 경계면으로 나타날 때가 많다. 한쪽 지괴의 수평 방향 지층은 다른 쪽 지괴의 같은 지층보다 더 높은 곳에 있는데, 이것은 한쪽 지괴가 오래전에 위로 솟아오르거나 아래로 가라앉았음을 보여 준다. 다만, 절벽이나 암벽 꼭대기 표면은 오랫동안 침식을 받은 결과로 반반할 수 있다.

대 삼림 지역인 월드 지방의 침식 사례이다. 월드 지방에 일어난 침식은 두께가 3000m에 이르는 대규모 지층의 침식과 비교하면 하찮은 수준에 지나지 않는다. 그러나 월드 지방의 한쪽 절벽 위에 올라가 저 멀리 반대편 절벽을 바라보면 경이로운 교훈을 얻는다. 한때 월드 지방을 뒤덮고 있던 거대한 돔 모양의 암석을 상상할 수 있다. 바닷물이 그 거대한 암석 덩어리를 천천히 점진적으로 침식하는 데에는 적어도 3억 년(어쩌면 더 오래)이 걸렸을 것이다.

오늘날의 지질학자들은 월드 지방 암석층의 나이가 다윈이 생각했던 것보다 더 적다는 사실을 알아냈다. 월드 지방의 암석층은 약 1억 4000만 년 전에 생기기 시작했다. 그리고 침식은 약 6500만 년 전부터 일어나기 시작했다.

이 긴 세월의 모든 시기에 전 세계 각지의 육지와 바다에는 수많은 생명 형태가 살았다. 이 긴 시간이 흐르는 동안 상상하기 어려울 만큼 무수히 많은 세대가 차례로 지나갔다! 이번에는 가장 풍부하다는 지질학 박물관들로 눈을 돌려 거기에 전시된 것들이 얼마나 초라한지 살펴보라!

화석 수집품의 한계

우리의 고생물학 수집품은 매우 불완전하다. 많은 화석 종은 산산이 부서진 형태로 발견된 단 하나의 표본이나 한 장소에서 발견된 몇몇 표본을 통해서만 알려진 경우가 많다. 지금까지 지질학적 탐사가 일어난 지역은 전체 지표면 중 극히 일부에 지나지 않는다. 해마다 유럽에서 일어나는 중요한 발견들이 입증하듯이, 앞으로도 발견될 화석들이 많이 남아 있다.

지구와 생명이 출현한 시기는 19세기의 가장 혁명적인 과학자들이 생각했던 것보다 훨씬 오래된 것으로 밝혀졌다. 주요 지질 시대는 각각 수천만~수십억 년에 이르는 6개의 대代가 있다. 대는 다시 기紀나 세世로 나누어진다.

지질 시대의 구분

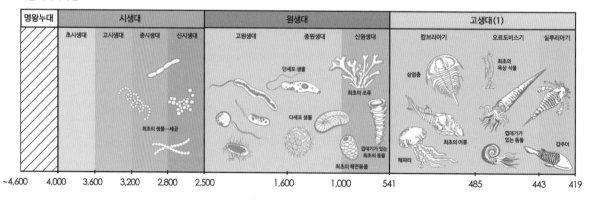

몸 전체가 무른 생물은 보존될 수가 없다. 껍데기나 뼈처럼 단단한 부분도 퇴적물에 묻혀 보존되지 않으면 썩어서 사라지고 만다. 모래층이나 자갈층에 묻힌 유해조차도 지층 사이로 흐르는 빗물에 녹을 수 있다.

고생대와 중생대에 육지에 살았던 동물과 식물에 대해 화석에서 얻을 수 있는 증거는 매우 제한적이다. 예를 들면, 육지 고둥이 고생대와 중생대에 살았다는 증거는 북아메리카에서 발견된 딱 하나의 예외 말고는 전혀 없다. 포유류 화석이 보존되는 일은 우연히 그리고 드물게 일어난다.

다윈이 말한 '육지 고둥'은 연체동물문에 속한 육상 달팽이를 가리킨다. 1852년에 지질학자 찰스 라이엘은 캐나다 노바스코샤주에서 육상 달팽이 화석을 발견했다.

그러나 지질학적 기록이 불완전한 주요 이유는 화석이 들어 있는 지층들 사이에 아주 긴 시간 간격이 있기 때문이다. 책에서 층층이 쌓인 지층들을 보거나 자연에서 지층을 관찰할 때, 지층들이 짧은 시간 간격으로 서로 붙어 있다고 생각하기 쉽다. 그러나 지질학 연구를 통해 화석을 포함한 지층이 일정한 속도로 생기지 않는다는 사실이 밝혀졌다. 그런 지층들은 긴 시간 간격을 두고 생기며, 또한 세계 각지에서 각각 다른 시기에 생긴다.

러시아와 북아메리카 같은 장소에서는 화석을 포함한 지층(화석층)이 생기고 나서 다음 화석층이 생기기까지 아주 긴 시간이 흐른 경우가 많다. 아주 숙련된 지질학자가 이 광대한 두 지역만 조사했다면, 그곳 지층들에 화석이 거의 생기지 않은 시기에 다른 곳들에서 새롭고 특이한 생명 형태를 포함한 퇴적층이 생겼으리라는 생각을 전혀 못 할 것이다.

각 지역에서 형성된 지층들이 왜 서로 가까운 시간 간격을 두고 생기지 않았는지 그 이유는 쉽게 짐작할 수 있다. 나는 수백 km에 이르는 남아메리카 해안을 살펴보았는데, 최근에

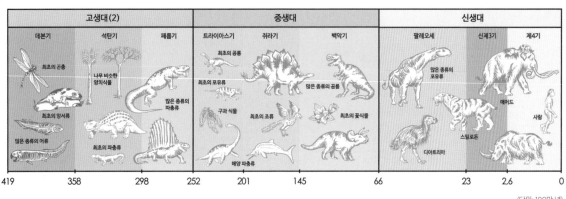

(단위: 100만 년)

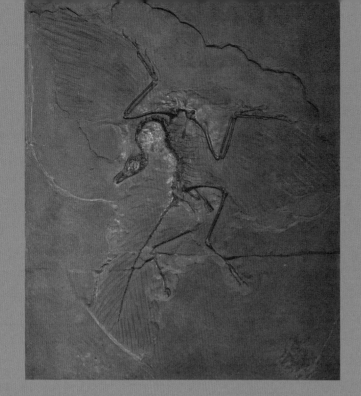

파충류와 조류의 중간 형태에 해당하는 시조새의 발견에 다윈은 크게 흥분했다.

다윈의 잃어버린 화석을 발견하다!

다윈은 그 당시 전 세계에서 수집된 화석들이 한 생명 형태가 많은 세대에 걸쳐 서서히 다른 형태로 변해 가는 동안 존재해야 했던 단계들을 보여 주지 않는다고 인정했다. 그러한 전이 화석은 발견되기만 한다면 진화를 뒷받침하는 핵심 증거가 될 게 분명했다.

『종의 기원』이 나오고 나서 2년 뒤인 1861년, 세상에서 가장 유명한 화석 중 하나가 알려졌다. 그 소식을 들은 다윈은 그 화석을 "최근에 발견된 것 중 가장 위대한 화석"이라고 불렀다. 독일의 한 채석장에서 조류의 깃털이 달린 날개와 함께 파충류의 이빨과 척추와 다리를 가진 동물 화석이 발견되었다. 과학자들은 이 동물에 '오래된 날개'라는 뜻으로 아르카이옵테릭스*Archaeopteryx*라는 이름을 붙였는데, 우리말로는 '시조새'라고 부른다.

시조새는 즉시 한 형태가 다른 형태로 천천히 변해 가는 중간 단계에 해당하는 전이 화석으로 인정되었다. 파충류와 조류 사이의 중간 형태인 시조새는 다윈이 『종의 기원』에서 언급한 "가지를 치며 갈라져 가는 긴 생명의 사슬"에서 하나의 연결 고리였다. 다윈은 친구에게 보낸 편지에서 "이것은 내 이론을 뒷받침하는 굉장한 증거"라고 말하면서 매우 기뻐했다.

약 1억 5000만 년 전에 살았던 시조새는 오랫동안 가장 오래된 조류 또는 최초의 조류로 여겨졌다. 그러나 1861년에 이 화석이 발견된 이후 과학자들은 더 많은 시조새 화석을 발견해 연구했을 뿐만 아니라, 한 공룡 집단과 그 후손인 조류 사이의 틈을 메우는 다른 멸종 동물들의 화석도 발견했다. 시조새는 오늘날의 조류를 낳은, 조류처럼 생긴 공룡(또는 공룡처럼 생긴 조류) 중 하나였을 뿐이다.

다른 틈들도 계속 메워지고 있다. 북극권 위의 북아메리카에서 화석을 찾는 일에 뛰어든 과학자들은 2004년에 놀라운 화석을 발견했다. 그것은 약 3억 7500만 년 전에 살았던 물고기 화석이었는데, 약 3억 6300만 년 전에 처음 나타난 네발동물을 닮은 물고기였다. 현지 원주민이 쓰는 언어를 빌려 틱타알릭*Tiktaalik*이라는 이름이 붙은 이 '발 달린 물고기'는 어류처럼 비늘과 지느러미와 아가미가 있었다. 그런데 포유류의 특징도 있었는데, 머리를 목 주위로 돌릴 수 있었고, 갈비뼈는 초기 네발동물의 것과 비슷하게 땅 위에서 몸무게를 떠받칠 수 있었다.

과학자들은 틱타알릭이 육지에서 살았다고는 생각하지 않는다. 아마도 얕은 물에서 살면서 튼튼한 4개의 지느러미로 몸을 떠받치거나 바닥 위로 걸어 다녔을 것이다. 그러나 틱타알릭과 아직 발견되지 않았지만 그와 비슷한 동물은 먼 옛날의 한 어류 집단과 그 후손인 네발 육상 동물을 잇는 연결 고리일 가능성이 높다.

생긴 퇴적층 중에서 아주 짧은 지질 시대 동안만이라도 남아 있을 만한 것을 전혀 보지 못했다. 해안의 퇴적물은 느리고 점진적인 육지의 융기와 함께 위로 솟아오르자마자 파도의 침식 작용으로 깎여 나가고 만다. 남아메리카 서해안 전체 지역을 통틀어 오늘날의 해양 생물 기록 중 먼 미래까지 보존되는 것은 필시 하나도 없을 것이다.

처음 위로 솟아올랐을 때, 그리고 나중에 가라앉았다가 다시 솟아올랐을 때, 퇴

지질학자가 망치로 결핵체(퇴적암에 여러 광물질이 들러붙어 생긴 덩어리)를 깨자 그 속에 있던 화석이 드러났다.

적물이 끊임없는 파도의 작용을 견뎌 내고 보존되려면 아주 많은 양이 쌓여야 한다. 그렇게 두꺼운 퇴적물은 아주 깊은 해저에서 생길 수 있지만, 그렇게 깊은 해저에 사는 동물은 아주 적을 것이다. 그래서 그곳에서 생기는 퇴적물에는 전 세계의 생명 기록이 불완전하게 보존된다.

퇴적물은 얕은 바다나 호수 바닥에 쌓일 수도 있다. 만약 그 바닥이 느리게 계속 가라앉기만 한다면 말이다. 이 경우, 침강 속도와 새로운 퇴적물 공급 속도가 거의 균형을 맞춘다면, 그 바다는 얕은 상태를 계속 유지하면서 생명이 살아가기에 좋은 환경을 제공할 것이다. 그러면 화석을 포함하면서 침식을 견뎌 낼 만큼 충분히 두꺼운 퇴적층이 생길 수 있다.

가장 풍부한 화석층

나는 화석을 풍부하게 포함한 지층은 모두 해저와 호수 바닥이 천천히 가라앉는 동안 생겼다고 확신한다. 화석을 풍부하게 포함하고 침식을 견뎌 낼 만큼 충분히 두꺼운 지층은 넓은 지역에 걸쳐 생겨났을 수 있지만, 얕은 바다를 계속 유지하고 부패하기 전에 동식물 유해를 덮을 만큼 퇴적물이 충분히 많았던 장소에서만 생겨났다.

침강이 일어나는 시기에는 생물이 서식할 수 있는 육지와 얕은 바다 지역이 줄어든다. 많

주변의 암석에서 떨어져 나온 바다나리 화석. 육지에서 발견되는 해양 생물 화석은 먼 과거의 지질 시대에 바다가 생기고 사라진 지도를 작성하는 데 큰 도움을 준다.

은 종이 멸종하지만, 새로운 변종이나 종은 거의 발달하지 않는데, 살아갈 새로운 장소가 생겨나지 않기 때문이다. 그러나 화석을 풍부하게 포함한 퇴적층이 생긴 것은 바로 이런 시기였다. 이런 지층들에 전이 형태가 들어 있지 않은 것은 놀라운 일이 아니다.

　과거와 현재의 종들을 연결해 가지를 치며 갈라져 가는 긴 생명의 사슬로 이어 주는 생명 형태들을 지층에서 무수히 많이 발견하리라고는 전혀 기대할 수 없다. 그저 몇몇 연결 고리들이 없는지 찾아볼 수밖에 없다. 만약 종들을 연결하는 중간 고리의 결핍이 내 이론을 크게 어렵게 하지 않았더라면, 나는 화석 기록에서 발견되는 생물 변화의 역사가 얼마나 빈약한지 결코 의심하지 않았을 것이다.

　유럽과 미국을 벗어난 다른 지역의 지질학에 대한 지식 부족과 불과 지난 십여 년 동안 고생물학 분야에서 일어난 혁명을 감안한다면, 우리가 전 세계에서 생물이 변천해 온 역사를 안다고 주장하는 것은 오스트레일리아의 어느 황량한 지역을 단 5분 동안 돌아보고서 오스트레일리아에 서식하는 전체 종들의 수와 서식지를 논하는 박물학자만큼이나 성급해 보인다.

자연의 지질학적 기록이 완전하다고 생각하는 사람들은 당연히 내 이론을 거부할 것이다. 그러나 나는 그 기록을, 불완전하게 기록되고 계속 변하는 언어로 써진 세계사로 간주한다. 우리가 손에 넣은 것은 마지막 권뿐인데, 이것은 고작 두세 지역에 관한 기록에 불과하다. 이 책조차 여기저기 짧은 장들만 보존돼 있고, 또 각각의 페이지도 여기저기 몇 줄씩만 남아 있을 뿐이다.

10장

종의 출현과 멸종

비록 불완전하긴 하지만, 지질학적 기록은 오랜 시간이 지나는 동안 많은 종이 나타났다가 사라졌음을 알려 준다. 이 기록은 종이 변하지 않는다는 보편적인 견해와, 종이 대물림과 자연 선택을 통해 변한다는 내 견해 중 어느 것과 더 잘 들어맞을까?

지층에 보존된 화석들은 모든 생물 집단이 똑같은 속도로 또는 똑같은 정도로 변하지 않았음을 알려 준다. 최근에 생긴 일부 지층에는 멸종한 종이 한두 종만 들어 있고, 그와 함께 더 최근에 생긴 한두 형태의 최초 화석도 들어 있다. 이와는 대조적으로 오래된 화석층에는 멸종한 종들의 화석이 많이 들어 있으며, 오늘날 살고 있는 종도 일부 들어 있다. 히말라야산맥 부근의 한 화석층에는 오늘날 살고 있는 악어 종의 먼 조상에 해당하는 유해가 들어 있는데, 그와 함께 기묘하게 생긴 멸종 포유류와 파충류 화석도 많이 들어 있다.

어떤 종이 세상에서 사라지면, 그와 동일한 형태는 다시는 나타나지 않는다고 믿을 만한 근거가 충분히 있다. 한번 사라진 종은 왜 영원히 사라지는지 우리는 분명히 이해할 수 있다. 한 종의

티라노사우루스 렉스는 다윈의 표현처럼
"지구상에서 사라진" 수많은 종 중 하나이다.

1850년대에 전시된 수정궁 공룡들을 제작한 벤저민 워터하우스 호킨스Benjamin Waterhouse Hawkins의 작업장(완성된 모형 2개를 9장에서 볼 수 있다). 비록 호킨스는 해부학 전문가로부터 자문을 받긴 했지만, 지금은 많은 모형이 부정확하게 만들어진 것으로 밝혀졌다. 그러나 공룡 모형의 엄청난 크기 때문에 방문객들은 경외감과 공포감을 느꼈다.

자손이 다른 종이 살던 장소에서 살아가면서 그 빈자리를 메우도록 적응할 수 있지만, 두 형태—옛날에 살던 형태와 새로운 형태—는 똑같지 않을 것이다. 각각의 형태는 서로 다른 대물림의 경로를 통해 서로 다른 특징들을 물려받기 때문이다.

예를 들면, 공작비둘기가 모두 죽을 경우, 비둘기 애호가들이 오랜 세월 동안 노력하면 현재의 공작비둘기와 거의 비슷한 새 품종을 만드는 것이 가능하다. 그러나 공작비둘기의 부모 종인 바위비둘기도 멸종했다고 상상해 보자. 바위비둘기가 아닌 다른 비둘기 종으로부터 현재의 품종과 동일한 공작비둘기가 나오는 것은 불가능하다. 새로 만들어진 공작비둘기가 현재의 공작비둘기와 아주 비슷하게 생겼다 하더라도, 현재의 공작비둘기와 차이가 나는 사소한 특징을 물려받게 되는데, 이 둘은 서로 다른 부모 종으로부터 유래했기 때문이다.

어느 지역에 서식하는 생물이 모두 다 갑자기 변하거나 혹은 동시에 또는 같은 정도로 변해야 할 이유는 없다. 그러나 시간이 충분히 지나면 왜 같은 지역에 사는 모든 종이 결국 변하는지는 쉽게 이해할 수 있다. 한 지역에 사는 생물들 중 많은 종이 변하면, 생물들 사이의 경쟁과 관계의 원리에 따라 조금이라도 변하지 않는 종은 절멸하기 쉽다. 다시 말해서, 변하지 않는 종은 멸종한다.

멸종

오늘날 과학자들은 대부분 지구의 모든 생물이 천재지변으로 한꺼번에 사라졌다는 낡은 개념을 믿지 않는다. 화석 기록은 종들과 종들의 집단들이 하나씩 차례로 처음에는 한 장소에서, 다음에는 다른 장소에서, 그러다가 전 세계에서 점진적으로 사라진다고 믿을 만한 근거를 제공한다.

각각의 종이나 종들의 집단이 존속하는 기간은 제각각 다르다. 어떤 집단은 생명이 처음 출현한 시기부터 오늘날까지 살아남았다. 어떤 집단은 고생대가 끝나기 전에 사라졌다. 화석 기록에 따르면, 일반적으로 어떤 종들의 집단이 멸종하기까지 걸리는 시간은 출현하는 데 걸리는 시간보다 더 긴 것으로 보인다.

종들의 멸종에 대해 나보다 더 경이로움을 느낀 사람은 없을 것이다. 남아메리카에서 마스토돈과 메가테리움, 그리고 그 밖의 멸종한 괴물 유해에 말의 이빨이 섞여 있는 것을 발견했을 때 나는 엄청난 경이로움에 휩싸였다. 말은 에스파냐 사람들이 데려온 이후에 남아메리카에서 마음대로 날뛰면서 번식했지만, 에스파냐 사람들이 처음 도착했을 때 남아메리카에는 말이 전혀 없었다. 그런데 어떻게 해서 먼 옛날에 살았던 말의 이빨 화석이 이곳에서 발견된 것일까?

그러나 그렇게 놀랄 이유가 전혀 없었다! 얼마 뒤 그 이빨은 유럽인이 도착하기 전에 아메리카에서 멸종한 종의 말이 남긴 것으로 밝혀졌다. 만약 이 종이 아직 아주 희귀한 상태로 살아 있다면, 그 희귀성에 놀랄 박물학자는 아무도 없을 것이다. 어디에서나 희귀한 종은 아주 많다.

어떤 종이 희귀한 이유는 생활 조건 중에서 그 종에게 불리한 요소가 있기 때문이다. 그

마스토돈은 매머드와 가까운 관계인 멸종 동물로, 조금 멀긴 하지만 살아 있는 코끼리하고도 관계가 있다.

메가테리움은 멸종한 땅늘보의 한 종류로, 몸 크기는 코끼리와 비슷했다

대멸종

다윈 이전에 화석과 지질학을 연구한 사람들은 멸종한 생명 형태는 큰 재난 때문에 사라졌다고 생각했다. 이 이론을 '천변지이설' 또는 '격변설'이라 부른다. 이 이론은 시간이 지나면서 생물의 형태에 일어난 변화의 원인은 대규모 화산 분화나 홍수, 지진 같은 갑작스럽고 격렬한 대규모 천재지변이었다고 주장한다.

그러나 다윈 시대의 과학자들은 대부분, 특히 그중에서도 영국 과학자들은 다른 견해를 믿었다. 이들은 지구와 그 위에서 살아가는 생물에 일어난 변화는 매일 일상적으로 일어나는 사건들이 그 원인이라고 주장했다. 끊임없이 땅을 깎아 내는 비와 바람과 강물의 작용이나 해변을 때리는 파도의 작용 같은 것이 그런 예이다. 이 견해를 점진설이라고 부르는데, 과거에 일어난 변화는 느리게 또는 점진적으로 일어났다고 주장하기 때문이다. 점진설은 동일과정설이라고도 부르는데, 자연계에서 현재 일어나고 있는 현상은 아주 오래전에도 똑같은 모습과 과정으로 일어났다고 보기 때문이다.

다윈은 변화가 점진적으로 일어난다는 견해를 지지했

소행성이 지구에 충돌하는 장면을 상상해서 그린 그림.

다. 하지만 다윈도 먼 옛날에 살았던 일부 생물 집단은 '놀랍도록 갑작스러운' 방식으로 화석 기록에서 사라진 것처럼 보인다는 사실을 인정하지 않을 수 없었다. 다윈은 갑작스러워 보이는 이 소멸은 화석 기록의 간극 때문일 수도 있다고 생각했다. 어쩌면 그런 화석 기록의 간극에서 '훨씬 느린 절멸'이 일어났을지도 모른다.

오늘날에는 지구의 역사를 만드는 데에는 점진적인 힘들과 천재지변이 모두 관여한 것으로 밝혀졌다. 지구상의 생물은 다윈이 설명한 느린 변화에 더해 대멸종 사건을 다섯 차례나 겪었다. 대멸종이 일어날 때마다 살고 있던 종들 중 최소한 절반 이상이 금방 멸종했다(다만, 지질학적 시간에서 말하는 '금방'은 수백만 년을 의미할 수도 있다). 대멸종 사건에는 천재지변이 직접적인 원인이었거나 적어도 큰 영향을 미쳤을 수 있다.

첫 번째 대멸종은 약 4억 4000만 년 전에 일어났는데, 그 당시 지구의 생물들은 대부분 바다에 살고 있었다. 거대한 빙하들이 지표면을 뒤덮으면서 많은 물이 얼음에 갇히고 수많은 종이 멸종했다. 가장 큰 규모의 대멸종은 2억

5000만 년 전에 일어났다. 지구에 살던 모든 종 중 90% 이상이 멸종했다. 가끔 '대량 절멸'이라고도 부르는 이 페름기 대멸종의 원인은 밝혀지지 않았다. 혜성이나 소행성의 충돌이 원인이었을 수도 있다. 또 대규모 화산 분화가 수만 년 혹은 더 오랫동안 계속 일어났을 가능성도 있다.

약 6500만 년 전에 일어난 대멸종(멕시코 앞바다에 떨어진 소행성 때문에 일어난 것으로 추정됨) 때에는 공룡이 완전히 사라졌다. 나머지 종들도 약 50%가 멸종했는데, 그중에는 다윈이 '갑작스러운' 멸종 사례로 언급한 암모나이트도 포함되었다. 그러나 최근의 화석 조사 결과에 따르면, 암모나이트와 그 밖의 많은 종은 수백만 년 동안 그 수가 감소하다가 마침내 완전히 사라진 것으로 보인다.

지금은 여섯 번째 대멸종이 한창 진행되고 있는 것은 아닐까? 다윈은 『종의 기원』에서 일부 동물이 인간의 행동 때문에 멸종했다고 인정했다. 오늘날 많은 과학자들은 전 세계적인 기후 변화뿐만 아니라 벌목과 건축, 농업 같은 인간 활동 때문에 과거의 대멸종 사건들 이래 유례없는 속도로 종들이 사라지고 있다고 염려한다.

척추와 양 측면에 돋아 있는 골질의 돌기는 이 대서양철갑상어가 골판 같은 비늘을 가진 경린어류 중에서 살아남은 한 종임을 알려 준다.

것이 정확하게 무엇인지는 알기 어렵다. 살아 있는 생물은 모두 개체수를 늘리려고 하지만, 그 생물에게 해로운 힘들에 늘 견제를 받는다. 이 힘들이 종을 희귀하게 만들고, 결국에는 멸종으로 몰고 간다. 화석 기록을 보면, 어떤 종의 화석이 점점 줄어들다가 마침내 완전히 사라지고 만다.

종들 사이의 경쟁은 일반적으로 가장 비슷한 형태들 사이에서 가장 격심하게 일어난다. 어떤 종에서 변형되고 개선된 후손이 일반적으로 부모 종을 절멸시키는 일이 일어나는 것은 바로 이 때문이다. 이전의 종과 새로운 종은 서로 비슷하여 같은 장소를 놓고 서로 경쟁한다.

개중에는 절멸을 피하고 아주 오랫동안 살아남는 종도 일부 있다. 이들은 아마도 특정 생활 방식에 잘 적응해 살아갈지 모른다. 혹은 심한 경쟁을 피해 멀리 떨어진 외딴곳에서 살아갈 수도 있다. 예를 들면, 온몸이 굳비늘(표면이 단단하고 광택이 있는, 네모난 모양의 물고기 비늘로, 한자어로는 경린硬鱗이라고 함―옮긴이)로 뒤덮인 어류 집단인 경린어류를 살펴보자. 이 큰 어류 집단은 먼 옛날의 바다에 한때 많이 살았다. 지금은 민물에서 살아가는 철갑상어와 가피시를 비롯해 몇몇 종을 빼고는 거의 다 멸종했다.

화석 기록을 보면, 모든 과나 목이 갑자기 절멸한 일이 일어난 것처럼 보일 때가 가끔 있다. 바다에서 살던 삼엽충은 한때 그 수가 아주 많았고 매우 넓은 지역에 퍼져 살았지만, 고생대가 끝날 무렵에 사라지고 말았다. 바다에서 살던 또 다른 생물 집단인 암모나이트는 중생대가 끝날 무렵에 멸종했다. 그러나 9장에서 화석을 포함한 지층들 사이에 얼마나 긴 시간 간격이 존재하는지 이야기한 것을 기억하라. 이 시간 간격 동안 절멸이 아주 느리게 일어났을지 모른다.

삼엽충은 초기의 절지동물이다. 수천 종의 삼엽충이 약 3억 년 동안 전 세계의 바다에서 살았다

암모나이트는 껍데기가 있는 연체동물로, 오늘날의 오징어와 갑오징어, 문어의 먼 조상에 해당한다.

살아 있는 종과 멸종한 종

이제 멸종한 종과 살아 있는 종 사이의 관계를 살펴보자. 나의 자연 선택 이론에서는 오래된 형태의 멸종은 새로운 형태의 탄생과 밀접하게 연결돼 있다. 살아 있는 종은 멸종한 종에서 유래한다.

멸종한 종이 더 오래전에 살았던 종일수록 그 종은 현재 살아 있는 형태와 차이가 더 크다. 그러나 멸종한 종들은 모두 지금도 존재하는 집단으로 분류하거나 알려진 이 집단들 사이의 연결 고리로 분류할 수 있다. 사실, 멸종한 형태들은 살아 있는 속屬들과 과科들과 목目들 사이의 넓은 간극을 메우는 데 도움을 준다.

일부 학자들은 멸종한 종들이나 종들의 집단들을 살아 있는 종들이나 집단들 사이의 중간 형태로 간주하는 것에 반대해 왔다. 만약 '중간'이 살아 있는 두 형태

콜로라도주에서 화석이 포함된 퇴적층을 조사하는 연구자들. 이들은 다윈이 말한 '손상된' 지질학적 기록의 한 페이지를 채울 수 있기를 기대한다.

사이에서 정확하게 중간에 해당하는 위치를 의미한다면, 이 반대는 타당할 수 있다. 그러나 멸종한 종 중 상당수는 하나 이상의 살아 있는 종과 여러 가지 특징을 공유하고 있다.

어떤 멸종 집단은 살아 있는 다른 집단과(심지어 유연관계가 아주 먼 종류의 집단과도) 여러 가지 특징을 공유한다. 예를 들면, 어류와 파충류는 지금은 여러 가지 특징으로 분명히 구별된다. 그러나 아주 먼 옛날에 멸종한 어류와 파충류는 서로 구별되는 특징이 더 적었을 것이다. 이들은 이미 별개의 생물 집단으로 갈라져 나갔지만, 화석 기록은 이들이 오늘날보다는 훨씬 가까웠음을 보여 준다. 고생물학자들은 실제로 그런 경우가 많다는 데 동의한다.

우리가 얻은 지질학적 기록은 전체 중에서 마지막 권뿐인데, 그마저 심하게 손상된 상태에 있다. 아주 희귀한 경우를 제외하고는, 그 넓은 틈들을 채워 가장 오래된 것부터 가장 최근에 나타난 것까지 모든 과科나 목目의 구성원들을 합치게 되리라고는 기대하기 어렵다.

변화를 동반한 대물림 이론은 멸종한 생명 형태들 사이의 관계에 대한, 그리고 멸종한 형태와 살아 있는 형태 사이의 관계에 대한 주요 사실들을 만족스러운 방식으로 설명해 준다. 이 사실들은 다른 방식으로는 전혀 설명할 수 없다.

내 이론은 서로 가까이 있는 지층들에서 나온 화석들이, 심지어 그것들이 서로 다른 종들이라 하더라도, 왜 서로 가까운 관계에 있는지 설명해 준다. 내가 앞 장에서 설명했듯이, 각 지질 시대가 시작될 때와 끝날 때 살았던 종들 사이에 존재한 모든 중간 변종들을 발견할 것이라고 기대해서는 안 된다. 그러나 서로 가까이 있는 지층들에서는 유연관계가 가까운 형태들이 발견되리라고 기대할 수 있는데, 실제로도 그런 형태들이 발견된다. 또한 종의 형태들에 서서히 일어난 변화의 증거도 발견되고 있다.

오래된 형태에서 새로운 형태로

현재 오스트레일리아에는 많은 종류의 유대류[캥거루처럼 육아낭(주머니)을 지닌 포유류—옮긴이]가 살고 있다. 오스트레일리아의 동굴들에서 발견된 화석들을 조사한 결과에 따르면, 이 화석들은 살아 있는 유대류와 유연관계가 아주 가까운 옛날 동물들의 유해로 드러났다.

남아메리카의 아르마딜로에 대해서도 똑같이 말할 수 있다. 전문적인 식견이 없는 사람도 여러 장소에서 발견된 거대한 멸종 아르마딜로의 화석 갑옷 조각과 살아 있는 작은 아르

아홉띠아르마딜로(미국에 자연적으로 서식하는 아르마딜로는 이 한 종뿐이다)는 북아메리카, 중앙아메리카, 남아메리카에 두루 분포한다. 갑옷으로 둘러싸인 몸통 가운데 부분에 늘어서 있는 유연한 띠의 수는 7개부터 11개까지 다양하다.

마딜로 종의 갑옷이 서로 유사하다는 것을 분명하게 알 수 있다. 나는 이런 사실들에 너무나도 큰 충격을 받은 나머지 『비글호 항해기』에서 '종의 계승 법칙'을, 즉 '같은 대륙에서 멸종한 종과 살아 있는 종 사이의 이 놀라운 관계'를 강하게 주장했다.

이 놀라운 법칙은 무엇을 의미할까? 첫째, 오스트레일리아의 현재 기후와 생활 조건이 적도에서 같은 거리에 있는 남아메리카 지역과 다르다는 사실에 주목해 보자. 그러나 지질학은 이 두 대륙이 나머지 세계와 마찬가지로 오랜 세월이 지나는 동안 기후와 물리적 조건에 많은 변화가 일어났음을 알려 준다.

이번에는 두 대륙에 다른 종류의 동물들—오스트레일리아에는 유대류, 남아메리카에는 나무늘보와 아르마딜로—이 산다는 사실을 생각해 보자. 이런 종류의 생물들은 각 대륙에서 많은 물리적 조건의 변화를 겪으면서 오랫동안 살아왔다. 따라서 오늘날 오스트레일리아와 남아메리카의 물리적 생활 조건의 차이만으로는 왜 한 대륙에는 유대류가 사는 반면 다른 대륙에는 나무늘보와 아르마딜로가 사는지 제대로 설명할 수 없다.

유대류는 오직 오스트레일리아에서만 생겨났고, 나무늘보와 아르마딜로는 오직 남아메리카에서만 생겨났다고 말하는 불변의 법칙이 있다고 주장할 수도 없다. 화석들은 유럽에

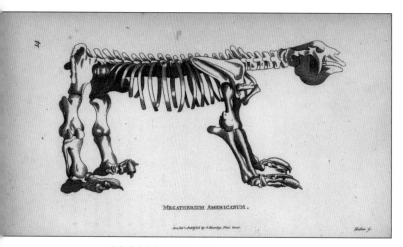

1809년에 메가테리움 화석을 묘사한 그림. 수십 년 뒤에 다윈은 남아메리카에서 메가테리움 화석을 발견했다.

도 먼 옛날에 유대류가 많이 살았고, 북아메리카에도 오늘날 남아메리카에서만 발견되는 종류의 동물들이 한때 많이 살았다고 알려 주기 때문이다.

같은 종류의 생물들이 같은 지역에서 어떻게 오랫동안 지속할 수 있는지 설명하는 이론이 있다. 변화를 동반한 대물림 이론이 바로 그것이다. 세계 각 지역에서 살아가는 생물들은 그 지역에서 자신과 밀접한 연관이 있지만 변형이 일어난 후손을 남긴다. 먼 옛날에 살았던 유대류가 그 당시의 아르마딜로와 큰 차이가 있었던 것처럼, 만약 한 대륙에 사는 생물들이 다른 대륙에 사는 생물들과 큰 차이가 있다면, 오늘날 살고 있는 그 후손들도 비슷한 방식으로 차이가 날 것이다.

오늘날 북아메리카에는 나무늘보가 전혀 살지 않지만, 남부 지역에 아르마딜로가 살고 있다. 다양한 나무늘보와 다른 아르마딜로 종들이 한때 북아메리카의 많은 장소에 살았다. 물론 지금은 모두 멸종했다.

다윈의 생각은 옳았다. 오늘날 살아 있는 종 중에서 아메리카의 거대한 나무늘보와 개미핥기와 아르마딜로로부터 직접 유래한 종은 하나도 없다. 그러나 오늘날 과학자들은 현재 남아메리카에 살고 있는 나무늘보, 개미핥기, 아르마딜로 종들이 멸종한 거대 종들을 포함한 같은 목에 속한다고 인정한다.

사람들은 내게 메가테리움을 비롯해 남아메리카의 거대한 멸종 괴물들이 훨씬 작은 나무늘보와 아르마딜로와 개미핥기를 후손으로 남겼다고 생각하느냐고 조롱조로 질문을 던질 수도 있을 것이다. 나는 전혀 그렇게 생각하지 않는다. 이 거대한 동물들은 완전히 멸종했다. 이들은 후손을 전혀 남기지 않았다. 그러나 브라질의 동굴들에는 멸종한 종들의 화석이 남아 있는데, 지금 남아메리카에 살고 있는 종들과 크기가 비슷한 것들도 많다. 이 화석들 중 일부는 살아 있는 종들의 조상일지도 모른다.

화석과 내 이론

9장에서 나는 지질학적 기록이 불완전함을 보여 주려고 했다. 전 세계에서 지질 조사가 자세히 진행된 곳은 극히 일부에 지나지 않는다. 오직 특정 강綱들의 생물만 화석으로 잘 보존돼 있다. 박물관에 있는 개체와 종의 수는 지구의 암석층이 겨우 한 층이 생기는 동안에 지나간 많은 세대와 비교하더라도 새 발의 피에 불과하다. 화석을 포함하고 있는 지층과 다음 지층 사이의 엄청난 시간 간격은 더 말할 것도 없다.

지질학적 기록에 대한 이 견해에 반대하는 독자는 내 이론 전체에도 반대할 것이다. 그리고 그동안 엄청난 시간이 흘렀다는 사실을 믿으려 하지 않을 것이다. 그는 "가장 오래된 화석층이 쌓이기 전에 존재했던 무한히 많은 생물의 흔적은 어디에 있는가?"라고 물을 것이다.

내가 말할 수 있는 것은, 우리가 아는 한, 이 최초의 화석층들이 쌓인 이후로 바다와, 융기와 침강을 반복한 대륙들이 현재 있는 그 자리에 그대로 있었다는 것뿐이다. 그러나 그 이전에는 세계의 모습이 완전히 달랐을 수 있다. 우리가 아는 어떤 것보다 더 오래된 지층과 암석층으로 이루어진 오래된 대륙은 화산열 때문에 알아볼 수 없게 변했거나 바다 밑에 묻혀 있을지 모른다.

고생물학에서 나온 그 밖의 중요한 사실들은 모두 자연 선택을 통한 변화를 동반한 대물림 이론과 잘 들어맞는 것처럼 보인다. 우리는 화석 기록에서 새로운 종이 어떻게 나타나는지, 새로운 형태의 발달이 어떻게 오래된 형태의 멸종을 초래하는지, 한번 사라진 종은 왜 절대로 다시 나타나지 않는지(연결 고리가 끊어졌기 때문에) 보았다.

우리는 먼 과거에 살았건 현재 살고 있건 모든 생명 형태가 함께 하나의 거대한 체계를 이룬다는 사실을 안다. 모든 생명 형태는 대물림을 통해 서로 연결돼 있기 때문이다. 더 오래된 생명 형태일수록 오늘날 살아 있는 생명 형태와 차이가 더 크며, 바로 붙어 있는 지층들의 화석들은 멀리 떨어져 있는 지층들의 화석들보다 더 비슷하다는 사실도 분명히 이해할 수 있는데, 이들은 시간적으로 서로 더 가까이 존재했기 때문이다.

만약 지질학적 기록이 내가 믿는 것처럼 불완전하다면, 자연 선택 이론에 대한 주요 반대는 그 근거가 아주 약해지거나 사라지고 만다. 고생물학의 모든 지식은 오래된 생명 형태는 변이의 법칙을 통해 만들어지고 자연 선택을 통해 보존되면서 변형된 새로운 생명 형태로 대체된다는 것을 분명히 보여 준다.

다윈 시대에 가장 오래된 화석층은 실루리아기(오늘날의 과학자들은 실루리아기를 4억 4400만 년 전부터 4억 1600만 년 전까지로 본다) 초기의 것이었다. 실루리아기 지층 아래에 있는 지층들은 한때 생명이 출현하기 이전 시대에 생겼다고 생각했지만, 최초의 생명체가 40억 년 이전에 나타났음을 시사하는 화석들이 최근에 발견되었다.

오늘날 과학자들은 최초의 화석층이 생긴 이래 대륙들이 많이 이동했다는 사실을 알고 있다. 더 자세한 설명은 11장의 '이동하는 대륙' 참고

11장
생명의 지리학

이제 화석 기록에 남아 있는 옛날 생물의 패턴에서 눈을 돌려 오늘날 지표면 위에 퍼져 살아가는 생물의 패턴을 살펴보자. 어떤 생물이 어떤 장소에 살며, 이러한 생물의 분포는 변화를 동반한 대물림 이론과 어떻게 일치하는가?

중요한 세 가지 사실

생물의 분포를 살펴볼 때, 중요한 세 가지 사실에 놀라게 된다.

첫 번째 사실은 다양한 지역에서 살아가는 동식물 사이의 일반적인 유사점과 차이점이 기후나 그 밖의 물리적 조건 때문에 생겨났을 리가 없다는 점이다. 이 사실은 아메리카 한 곳만 살펴보더라도 충분히 입증된다. 생물의 분포에서 가장 기본적인 경계선이 신세계와 구세계를 나누는 선이라는 데에는 모든 학자가 동의한다. 그러나 광대한 아메리카 대륙에는 습한 지역과 건조한 사막, 높은 산맥, 초원, 숲, 늪지, 호수, 큰 강 등 아주 다양한 환경이 거의 모든 온도 조건에서 존재한다. 구세계의 기후나 조

다윈 시대에 많은 사람은 유럽과 아시아와 아프리카를 구세계라고 생각했다. 그리고 아메리카 대륙을 신세계로 여겼는데, 유럽인이 이 대륙을 발견한 지 수백 년밖에 되지 않았기 때문이다.

사막은 이곳 조건에 적응한 동물과 식물들에게는 훌륭한 보금자리이다.
그러나 다른 종들에게는 이동을 가로막는 장벽이 된다.

중앙아메리카에 있는 파나마 지협은 북아메리카와 남아메리카를 연결한다. 파나마 지협은 카리브해(위쪽)와 태평양(아래쪽)을 가르며 지나간다. 약 2000만 년 전에는 지협이 전혀 존재하지 않았다. 그러다가 해저에서 화산들이 분화하면서 두 대륙 사이에 새로운 섬이 생겨났다. 해류에 실려온 흙이 이 섬들 주위에 쌓이다가, 약 300만 년 전에 파나마 지협이 완성되었다. 폭이 좁은 이 땅은 지구에 큰 변화를 가져왔다. 해류의 방향이 바뀌었고 날씨 패턴이 변했으며, 동식물이 북아메리카와 남아메리카 사이를 이동할 수 있게 되었다. 이 사진은 위성에서 촬영한 것으로, 지리적 특징을 강조하기 위해 육지와 바다에 인공적으로 색을 입혔다.

건 중 신세계에서 볼 수 없는 것은 거의 없다. 그러나 두 세계에 서식하는 생물들은 너무나도 다르다!

남반구에 있는 오스트레일리아와 남아프리카, 남아메리카의 넓은 땅들은 모든 조건이 매우 비슷하다. 그러나 이 세 곳의 생물상은 달라도 너무나 다르다. 반면에 남아메리카에서 기후 조건이 크게 다른 두 지역(예컨대 남위 35도 이남과 남위 25도 이북)의 생물을 비교해 보면, 기후 조건이 거의 동일한 오스트레일리아나 아프리카 지역에 사는 생물보다 서로 훨씬 밀접한 관계에 있다는 사실을 알 수 있다.

두 번째 사실은 지역에 따른 생물의 차이는 자유로운 이동을 방해하는 모든 종류의 장벽이나 장애물과 큰 관계가 있다는 점이다. 이것은 바다로 분리된 신세계와 구세계에 사는 거의 모든 육상 식물과 동물의 큰 차이에서 볼 수 있다. 유일한 예외는 위도가 높은 북쪽 지역인데, 이곳 땅들은 거의 붙어 있어 북극권의 생물들이 자유롭게 이동할 수 있다.

각 대륙 안에서도 동일한 사실이 관찰된다. 높은 산맥이나 거대한 사막, 심지어 때로는 큰 강 양편에 사는 생물들 사이에는 큰 차이가 있다. 바다에서도 똑같은 법칙이 성립한다.

중앙아메리카 동해안과 서해안에 사는 해양 동물들(두 지역의 어류와 패류, 게 중에서 같은 것이 거의 없다)보다 더 큰 차이를 보이는 두 해양 동물 집단은 어디에서도 볼 수 없다. 그런데 이 동물 집단들을 갈라놓는 유일한 장벽은 파나마 지협이다.

지협地峽은 두 땅덩어리를 연결하는 좁고 잘록한 땅을 말한다.

세 번째 사실은 각각의 대륙이나 바다에서 살아가는 생물들 사이에 나타나는 유사성이다. 예를 들면, 한 대륙 안에서 북쪽에서 남쪽으로 여행하는 박물학자는 생물 집단들이 서로 다르지만 밀접한 관계가 있는 생물 집단들로 바뀌어 가는 양상에 크게 놀랄 것이다. 유연관계가 가깝지만 종류가 서로 다른 새들은 비슷한 울음소리를 낸다. 이 새들은 아주 비슷하지는 않더라도 상당히 비슷한 둥지를 짓고, 알의 색과 무늬도 거의 비슷하다.

이 사실을 뒷받침하는 또 다른 예는 마젤란 해협 부근의 남아메리카 평원에서 살아가는, 날지 못하는 새 레아에게서 볼 수 있다. 아르헨티나와 우루과이 북부에는 날지 못하는 또 다른 새가 살고 있다. 이 새는 적도에서 같은 거리에 있는 아프리카와 오스트레일리아 지역의 날지 못하는 새인 타조나 에뮤가 아니다. 이 새는 다른 종의 레아이다.

레아와 타조와 에뮤는 서로 비슷하게 생겼고 날지 못하는 새들이지만, 서로 간의 유연관계는 아주 먼 편이다. 과학자들은 이들이 9000만~7000만 년 전에 하늘을 날던 조상으로부터 각자 독자적으로 진화했다고 생각한다.

이 사실들에서 육지와 바다의 동일한 지역들에서 시간과 공간에 걸쳐 작용

주금류走禽類라고 부르는, 날지 못하는 큰 새들은 남반구에서 살고 있다. 그중 셋은 아프리카의 타조(왼쪽), 오스트레일리아의 에뮤(가운데), 남아메리카의 레아(오른쪽)이다. 다윈은 다양한 종의 레아(그중 하나는 오늘날 다윈레아라고 부름)가 같은 대륙에서 진화했기 때문에, 타조나 에뮤보다는 서로 간에 더 밀접한 관계가 있다고 보았다.

한 깊은 유기적 유대 관계를 볼 수 있다. 이러한 유대 관계가 과연 무엇인지 의문을 품지 않는 박물학자는 호기심이 없는 사람이다.

대물림

그 유대 관계는 바로 대물림(유전)이다. 우리가 아는 한, 대물림은 서로 비슷한 생물을 낳는 유일한 원인이다.

두 지역에 사는 생물들의 차이는 두 가지 원인에서 생긴다. 주원인은 자연 선택을 통한 변화가 각 지역에서 서로 다른 경로를 따라 일어난 데 있다. 한 집단이 다른 집단과 '어떤' 차이가 나느냐 하는 것은 종이 한 지역에서 다른 지역으로 이동했느냐 여부, 그리고 얼마나 많은 종이 그리고 얼마나 오래전에 이동했느냐에 달려 있다.

두 지역에 사는 생물들 사이에 차이가 생기는 두 번째 원인은 생물의 물리적 조건이다. 바다와 사막, 산맥 같은 장벽은 이동을 제한해 개체군들을 서로 분리시킨다.

자연 선택을 통한 변화는 느리게 일어나는 과정이다. 넓은 지역에 퍼져 살면서 자신이 사는 곳에서 이미 많은 경쟁자를 물리친 종은 새로운 지역으로 퍼져 갔을 때 그곳에서도 우세한 위치를 차지할 가능성이 높다. 이들은 그곳에서 새로운 조건에 맞닥뜨리면서 추가로 변화와 개선이 일어날 것이다. 이들은 더 큰 성공을 거두어 변화한 후손 집단을 낳을 것이다.

그러나 종이 반드시 변해야 한다고 말하는 법칙은 없다. 각 종은 변이를 만들지만, 변화를 낳는 변이에 자연 선택이 작용하는 경우는 그 변이가 생존 경쟁에서 개체에게 도움이 될 때뿐이다. 만약 서로 직접 경쟁하는 많은 종들이 모두 생활 조건이 비슷한 새 지역으로 이주한 뒤 그곳에 격리된다면, 이들에게는 별로 큰 변화가 일어나지 않을 것이다. 이주나 격리 자체만으로는 별다른 일이 일어나지 않는다.

변화는 어떤 생물이 다른 생물이나 물리적 조건과 새로운 관계를 맺을 때 일어난다. 앞 장에서 보았듯이, 일부 생물은 장구한 지질 시대를 거치는 동안 거의 똑같은 형태를 유지해왔다. 이 종들은 아주 광대한 공간을 지나 이주했지만, 큰 변화가 일어나지 않았다.

같은 속에 속하면서 지구상에서 서로 아주 멀리 떨어진 곳에서 살아가는 종들은 어떨까? 이들은 같은 조상에서 유래했기 때문에 처음에 같은 지역에서 출발했을 것이 분명하다. 이들은 어떻게 지구 곳곳으로 퍼져 갔을까?

아주 먼 과거부터 거의 변하지 않았으나 오늘날 서로 아주 멀리 떨어진 곳에서 살아가는 종들의 경우, 이들이 처음에 동일한 지역에서 이주해 갔다는 것은 어렵지 않게 짐작할 수 있다. 긴 지질 시대가 지나는 동안 지리적 변화와 기후 변화가 아주 많이 일어났기 때문에 그 동안에 어떤 규모의 이주라도

많은 은행나무 종은 공룡 시대인 1억 7500만 년 전에 번성했다. 그중에서 오늘날까지 살아남은 것은 오직 긴크고 빌로바*Ginkgo biloba* 한 종뿐이다.

얼마든지 일어날 수 있었다. 그러나 비교적 최근에 출현한 같은 속의 종의 경우, 같은 종의 개체들(즉 같은 조상으로부터 태어나고 한 곳에서 유래된 것이 틀림없는)이 어떻게 멀리 떨어진 장소에서 살고 있는지 설명하기가 훨씬 어렵다.

이런 상황은 박물학자들이 많이 논의한 질문을 다시 생각하게 만든다. 여러 지역에서 살고 있는 종의 경우, 그 종은 지구상의 한 곳에서만 생겨났을까, 아니면 여러 곳에서 생겨났을까?

물론 동일한 종이 어떻게 한 장소에서 오늘날 이들이 살고 있는, 서로 멀리 떨어진 격리된 지역들로 이주했는지는 알기 어려울 때가 많다. 그러나 각각의 종이 한 지역에서 유래했다는 단순한 견해가 가장 설득력이 있다. 나는 이 견해를 지지하기 위해 종이 자신이 유래한 한 지점으로부터 어떻게 먼 지역들로 이주했는지 설명하는 것이 그렇게 어렵지 않다는 것을 보여 주려고 한다.

생물은 어떻게 확산하는가?

여기서 나는 종들이 어떻게 확산했는지, 즉 한 장소에서 다른 장소로 어떻게 옮겨갔는지

개략적으로만 이야기할 수 있다.

　기후 변화가 이주에 아주 큰 영향을 끼친 게 분명하다. 한때 이주의 주요 통로가 되었던 지역이 지금은 기후가 달라지는 바람에 통과할 수 없는 곳으로 변했을 수 있다.

　육지의 고도 변화와 해수면 변화도 중요한 요인이 되었을 것이다. 오늘날 좁은 지협이 두 해양 생물 집단을 갈라놓고 있다고 가정해 보자. 만약 해수면이 상승하여 지협이 물속에 잠긴다면, 두 해양 생물 집단이 서로 섞일 것이다. 그리고 오늘날 바닷물 아래에 잠겨 있는 곳이 한때 섬들이나 심지어 대륙들을 연결했을 수도 있다. 그러면 동물과 식물이 한 장소에서 다른 장소로 퍼져 갈 수 있었을 것이다. 예를 들면, 영국과 유럽 대륙에 같은 포유류 종들이 산다는 사실을 의아하게 생각하는 지질학자는 아무도 없을 것이다. 영국과 유럽 대륙을 갈라놓고 있는 장벽은 폭이 좁고 얕은 해협인데, 한때 마른 땅을 통해 두 육지가 연결되었을 가능성이 높다.

다윈의 생각은 옳았다. 영국은 긴 지질 시대 동안 마른 땅을 통해 유럽 대륙과 여러 차례 연결되었다. 최근에는 약 1만 2000년 전부터 8000년 전까지 그런 일이 일어났다.

　여기서 나는 우발적 확산 수단, 더 적절하게는 간헐적 확산 수단이라고 부르는 것에 대해 조금 설명하고자 한다. 그 대상은 식물에 한정하기로 한다.

　씨앗은 바다를 통해 멀리까지 운반될 수 있다. 내가 몇 가지 실험을 해 보기 전까지는 씨앗이 얼마나 오랫동안 바닷물에 손상을 입지 않고 견딜 수 있는지조차 알려지지 않았다. 나는 씨앗을 다양한 시간 동안 바닷물 속에 담가 두었다가 씨앗이 발아를 하는지 지켜보았다. 놀랍게도 바닷물에 28일 동안 담가 둔 씨앗 87종 가운데 64종이 발아했고, 일부는 137일 동안 바닷물 속에 있은 뒤에도 발아했다.

발아는 씨앗에서 싹이 나는 것을 말한다.

　홍수 때 강물에 휩쓸려 내려간 식물이나 가지가 해변에서 말랐다가 다시 바다로 흘러 들어갈 수 있다는 생각이 들었다. 나는 다 익은 열매가 달린 식물 94개의 줄기와 가지를 말린 뒤 바닷물 속에 담갔다. 대부분은 금방 가라앉았지만, 같은 식물을 말리지 않

고슴도치는 영국과 유럽 대륙 모두에서 발견된다.

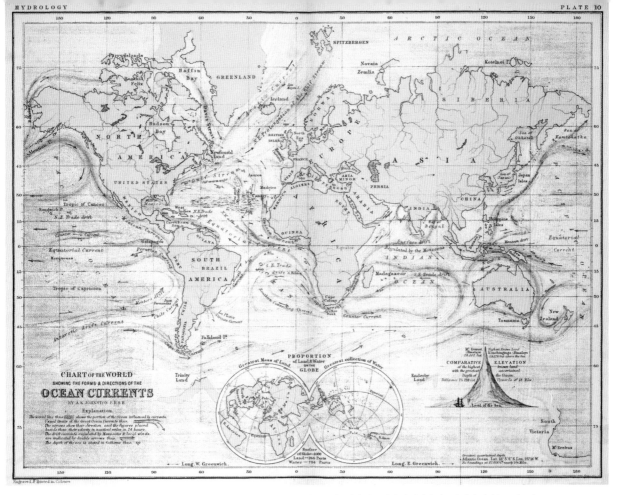

1861년에 제작된 이 지도는 다윈이 『종의 기원』을 출판하던 당시에 과학자와 항해가가 알고 있던 전 세계의 해류에 대한 지식을 보여 준다.

고 바닷물 속에 담갔을 때보다 훨씬 오랫동안 떠 있었다. 예를 들면, 익은 개암나무 열매는 즉각 가라앉았지만, 말린 상태에서는 90일 동안이나 물 위에 떠 있었다. 나중에 이 열매를 심자, 거기서 싹이 텄다. 말린 식물 94개 중 18개는 28일 이상 떠 있었다.

한 지도에 따르면, 대서양 해류의 평균 속도는 하루에 약 53km이다. 이 평균 속도를 기준으로 삼으면, 씨앗은 바다에서 28일 동안 약 1487km를 이동할 수 있다. 만약 바람에 실려 운 좋게도 살아가기에 유리한 장소가 있는 육지에 도착하면 싹이 틀 것이다.

표류하는 나무들은 대부분의 섬들, 심지어 아주 넓은 대양 한가운데에 있는 섬들에도 떠밀려 오는데, 이 나무들에 씨앗이 실려 멀리까지 이동할 수 있다. 내가 조사한 결과에 따르면, 나무뿌리에 돌이 박힐 때 작은 흙덩이들이 돌에 함께 들러붙은 경우가 많았다. 수령이 약 50년 된 오크 뿌리에 붙어 있던 작은 흙덩이에서 세 가지 식물이 발아했다. 쓰러진 나무

떠다니는 나무는 흙과 씨앗을 아주 멀리까지 운반할 수 있다.

가 그 뿌리에 돌과 흙과 씨앗이 들러붙은 채 바다로 흘러갔다가 그곳에서 멀리 떨어진 해변으로 이동한 뒤에 뿌리에 붙어 있던 씨앗 중 일부가 발아할 수도 있다.

바다 위에 떠다니는 새 사체가 항상 다른 동물에게 먹히는 것은 아니다. 많은 종류의 씨앗은 이렇게 떠다니는 새의 몸속에서 온전한 상태로 남을 수 있다. 예컨대 완두콩과 살갈퀴는 바닷물 속에 며칠만 잠겨 있어도 죽고 만다. 그러나 인공 바닷물에서 30일 동안 떠 있게 한 비둘기 사체에서 이 식물들의 씨앗을 일부 꺼내 심었더니, 놀랍게도 거의 다 발아했다.

살아 있는 새도 씨앗을 운반할 수 있다. 새는 돌풍을 타고 바다에서 아주 먼 거리를 이동할 때가 많다. 열매 속의 단단한 씨앗이 심지어 칠면조의 소화관에서조차 아무 손상도 입지 않고 통과한다는 사실이 알려져 있다. 나는 두 달 동안 우리 집 정원에 쌓인 작은 새들의 배설물에서 열두 종류의 씨앗을 채집했다. 그중 일부는 발아했다.

민물고기는 많은 수생 식물의 씨앗을 먹으며, 호수와 시내로 떨어지거나 흘러든 육상 식물의 씨앗도 먹는다. 이 물고기들은 새에게 자주 잡아먹히는데, 새의 뱃속으로 들어간 씨앗은 아주 멀리까지 이동할 수 있다. 나는 죽은 물고기의 위에 많은 종류의 씨앗을 집어넣은 뒤, 이 물고기들을 수리와 황새, 펠리컨에게 주었다. 많은 시간이 지난 뒤 이 새들은 씨앗을 토하거나 배설물과 함께 내보냈다. 특정 종류의 씨앗들은 항상 이 과정에서 죽었지만, 여러 종류는 온전하게 살아남아 발아했다.

새들의 부리와 발은 일반적으로 아주 깨끗한 편이지만, 가끔은 거기에 흙이 들러붙는다. 나는 한 자고새의 한 발에 들러붙어 있던 마른 흙 22그레인(약 1.4256그램)을 채취했는데, 그

흙 속에 살갈퀴 씨앗만 한 크기의 자갈이 있었다. 이런 방법으로 씨앗이 가끔 먼 거리를 이동할 수 있다.

해마다 지중해를 횡단하는 수백만 마리의 메추라기를 생각해 보자. 이들의 발에 들러붙은 흙에 가끔 작은 씨앗이 포함되리라는 사실을 의심할 수 있을까? 심지어 흙과 돌을 많이 포함한 빙산도 가끔 잔 나뭇가지와 심지어 새 둥지를 한 장소에서 다른 장소로 운반한다.

이러한 운반 수단들과 아직 발견되지 않은 여러 운반 수단이 오랜 지질 시대 동안 해마다 그 효과를 발휘했을 것이다. 따라서 나는 많은 식물이 광범위한 장소들로 운반되지 '않았다면' 오히려 놀랄 것이다.

빙하기의 생물

동일한 종이 서로 멀리 떨어진 곳에서 살아가는 사례 중에서 주목할 만한 것은 서로 수백 킬로미터나 떨어진 산꼭대기에서 살아가는 동물과 식물이다. 이 산꼭대기들 사이에는 고산 지대에 사는 종들이 살아갈 수 없는 저지대가 펼쳐져 있다.

예를 들면, 유럽에서 눈 덮인 알프스산맥 지역과 유럽 대륙의 훨씬 북쪽 지역에서 동일한 식물 종이 많이 살고 있는 것을 보면 놀라지 않을 수 없다. 미국의 화이트산맥에 사는 식물들이 래브라도반도에 사는 식물들과 똑같고, 유럽의 알프스산맥과 그 밖의 높은 산맥들에 사는 식물들과도 거의 같다는 사실은 더욱 놀랍다. 이것을 보고 이 종들이 여러 곳에서 각자 독자적으로 생겨났다고 생각할 수도 있다. 박물학자들이 빙하기에 관심을 가지지 않았더라면 필시 그랬을 것이다.

화이트산맥은 뉴햄프셔주에 있다.

래브라도반도는 캐나다 북동부에 있다.

최근 지질 시대에 들어와 중앙유럽과 북아메리카에는 아주 추운 북극 기후가 몰아닥쳤다. 심하게 긁힌 사면, 반들반들한 표면, 비탈 위에 위태위태하게 놓인 큰 바위들이 있는 스코틀랜드와 웨일스의 산들은 과거에 일어난 이야기를 불에 탄 집의 잔해보다 더 분명하게 들려준다. 즉, 이곳 골짜기들에는 한때 얼음 강이 흘렀음을 말해 준다.

새로운 빙하기가 시작된다고 상상해 보자. 추위가 닥쳐오면서 훨씬 남쪽 지역에서도 북극 지방의 차가운 기온을 느끼게 될 것이다. 북극 지역에 살던 동물과 식물이 남쪽으로 이

1930~31년 겨울에 그린란드 연구 기지에서 찍은 알프레트 베게너의 모습.

이동하는 대륙

400여년 전에 지도 제작자들은 남아메리카 동해안과 아프리카 서해안의 윤곽이 딱 들어맞는다는 사실을 알아챘다. 두 대륙은 대서양을 사이에 두고 멀찌감치 떨어져 있는 두 퍼즐 조각처럼 보였다. 그러나 어느 과학자가 이 개념을 진지하게 생각하기 시작한 것은 겨우 100여 년 전이었다.

독일의 극지 연구자이자 기상 전문가인 알프레트 베게너Alfred Wegener는 두 대륙의 해안선이 일치한다는 이 사실에 큰 호기심을 느끼고 골똘히 생각했다. 베게너는 대서양을 사이에 두고 멀리 떨어진 두 대륙에서 동일한 멸종 동식물 종들의 화석이 발견되었다는 사실도 알고 있었다. 대서양을 사이에 둔 두 대륙의 지층들이 일치하는 장소도 많았다. 1912년, 베게너는 이런 사실들을 설명할 수 있는 이론을 발표했다.

베게너의 이론은 남아메리카와 아프리카가(그리고 나머지 대륙들도 함께) 한때 서로 들러붙어 있었다고 주장했다. 그리고 이 하나의 거대한 대륙이 나중에 여러 조각으로 쪼개져 나갔다고 했다. 수천만 년의 세월이 지나는 동안 이 땅덩어리들은 새로운 장소로 이동해 오늘날 우리가 알고 있는 대륙들이 되었다. 베게너는 이 이론을 '대륙 이동설'이라고 불렀다.

1960년대 이후에 과학자들이 대륙 이동이 '어떻게' 일어나는지 알아내면서 대륙 이동설은 널리 받아들여지게 되었다. 정확한 해저 지형 지도를 작성하는 과정에서 해령(해저 산맥)과 해저 열곡이 전 세계의 대양을 가로지르며 뻗어 있다는 사실이 밝혀졌다. 해저 열곡은 대륙을 떠받치는 지각판들의 경계를 이루고 있다. 판들은 뜨거운 마그마 위에 떠 있는데, 판들을 움직이는 힘을 연구하는 과학을 '판구조론'이라고 한다.

다윈은 지구의 긴 역사 동안 지표면이 여러 차례 변했다는 사실을 알아챘다. 그리고 그 당시의 많은 과학자들이 알고 있던 것처럼 수면 위로 솟아 있는 일부 섬들이 이전에는 수면 아래에 가라앉아 있었다는 사실도 알았다. 또, 한때 대륙들이 육교를 통해 가까이 있던 섬들과 연결돼 있었다고(예컨대 영국과 유럽 대륙이 연결돼 있었듯이) 생각했는데, 이 생각도 옳았다. 그러나 다윈은 모든 대륙들과 섬들이 하나로 합쳐져 있었다고는 생각하지 않았다. 다윈은 대륙 이동설과 판구조론이 나오기 전에 세상을 떠났다.

오늘날 생물학자들은 서서히 일어나는 대륙들의 분리와 이동이 지구 생명의 역사에서 중요한 역할을 했다는 사실을 안다. 베게너의 이론은 지금은 생물지리학(종들이 어디에 살고, 왜 그곳에 사는지를 연구하는 과학 분야)에서 중요한 부분을 차지하고 있다.

대륙 이동은 왜 얼어붙은 남극 대륙에서 열대 식물 화석이 발견되는지 설명해 준다. 현재 남극점 위에 있는 남극 대륙은 한때 적도 가까이에 있었다. 대륙 이동은 또한 2억 5000만 년 전에 살았던 육상 파충류 리스트로사우루스가 남극 대륙과 인도, 아프리카에서 모두 발견되는 이유도 설명해 준다. 리스트로사우루스가 지구 위를 걸어 다니던 시절에 세 대륙은 판게아Pangaea라는 하나의 큰 대륙으로 합쳐져 있었기 때문이다.

대륙 이동은 『종의 기원』을 쓸 무렵에 다윈이 몰랐던 많은 과학적 발견 중 하나이다. 하지만 대륙 이동은 다윈의 이론과 잘 들어맞는다. 수억 년 전에 남아메리카와 아프리카 퍼즐 조각이 서로 딱 들어맞았던 것처럼 말이다.

판게아

약 2억 5000만 년 전에 지구의 모든 땅덩어리는 판게아라는 하나의 초대륙으로 합쳐져 있었다. 그러다가 약 2억 년 전에 판게아는 로라시아와 곤드와나라는 북쪽과 남쪽의 두 대륙으로 쪼개졌다. 그리고 수백만 년 전에 대륙들은 현재와 비슷한 위치에 자리잡았다.

로라시아와 곤드와나

오늘날의 세계

그린란드 북동부에서 살아가는 사향소 아래로 내려가는 거대하고 무거운 빙하에 마모되어 반들반들하게 변한 바위들이 뒤쪽에 보인다.

동하면서 서식지를 넓혀 갈 것이다. 한때 온대 지역에 살던 동물과 식물은 장벽 때문에 이동을 방해받지 않는다면(그렇게 되면 그냥 죽고 말 테지만), 따뜻한 곳을 찾아 더 남쪽으로 이동할 것이다.

고산 지역은 눈과 얼음으로 뒤덮이고, 그곳에 살던 생물은 평지로 내려갈 것이다. 유럽에서 빙하기가 가장 맹위를 떨칠 무렵에는 동일한 북극 지역의 동물과 식물이 유럽 대륙 전체에 퍼져 살아갈 것이다. 북아메리카에서도 현재 온대 기후인 미국 일부 지역에는 북극 지역의 동물과 식물이 넘쳐날 것이다.

그랬다가 기후가 다시 따뜻해지면, 북극 지역의 생물은 다시 북쪽으로 옮겨갈 것이고, 기후가 더 온화한 지역에 살던 생물이 그 뒤를 따라갈 것이다. 그리고 날씨가 따뜻해지면서 산 아래에서 눈이 녹음에 따라 북극 지역의 생물은 점점 더 높은 곳으로 올라갈 것이다. 기후가 완전히 따뜻하게 바뀌면, 저지대에 살았던 북극 지역의 종들은 산꼭대기와 북극 지역에 고립되어 살아갈 것이다.

지구가 한때 지금보다 훨씬 추웠다는 이 견해는 오늘날 격리된 산꼭대기들에 같은 종들이 분포해 살아가는 양상을 설명하는 데 도움이 된다. 나는 최근에 빙하기가 찾아왔다가 물러간 큰 변화 주기가 있었다고 생각한다. 추위가 물러갔을 때, 일부 동물과 식물은 고산 지역에 남아 살아가게 되었다.

바다의 섬들

산은 육지에 있는 섬이다. 열대 저지대로 둘러싸인 산꼭대기는 바다 한가운데 떠 있는 섬처럼 고립돼 있다. 오늘날 이러한 '산―섬'에서 발견되는 생물은 저지대가 지금보다 더 추웠던 빙하기 때 여기저기로 퍼져 나갔다. 그런데 대양의 섬들에 흩어져 살아가는 동물과 식물 변종들은 어떻게 그곳으로 갈 수 있었을까?

대양도大洋島(대륙과는 관계없이 처음부터 따로 떨어져 있는 섬―옮긴이)에 서식하는 종의 수는 같은 면적의 대륙에 서식하는 종의 수에 비해 훨씬 적다. 예를 들면, 유럽인이 남대서양의 황량한 어센션섬을 처음 방문했을 때 그곳에 살고 있던 꽃식물은 여섯 종도 되지 않았다. 그러나 사람들이 식물을 새로 들여와 지금은 어센션섬에 많은 식물이 살고 있는데, 뉴질랜드를 비롯해 그 밖의 모든 대양도에도 같은 일이 일어났다.

각각의 종이 현재 살고 있는 곳에서 생겨났다고 생각하는 사람들도 대양도에 가장 잘 적응한 많은 동식물이 그곳에서 생겨나지 않았다는 사실을 인정해야만 하는데, 인간은 자연이 한 것보다 훨씬 많은 종들을 이 섬들로 옮겼기 때문이다.

대양도에 사는 종의 수는 빈약하지만, 고유종(즉, 세계의 다른 곳에서는 살지 않는)의 비율은 아주 높을 때가 많다. 내 이론에 따르면, 이것은 충분히 예상되는 일이다. 섬에 도착하는 종은 그곳에서 낯선 종들과 경쟁해야 한다. 그러면 변화가 일어날 가능성이 매우 높아 변화된 후손 집단이 생겨난다. 이 후손들은 자신들이 발달한 그 섬에만 고유한 새로운 종으로 진화할 것이다.

어떤 섬에 사는 종이 모두 다 고유종인 것은 아니다. 예를 들면, 갈라파고스 제도에서 육지에 사는 조류(육조陸鳥)는 거의 다 각 섬에 고유한 종이지만, 바닷새 11종 중에서 고유종은 단 두 종뿐이다. 바닷새는 육조에 비해 이 섬들에 더 많이 더 자주 그리고 더 쉽게 날아올 수 있는 것으로 보인다.

육조는 일부 종을 제외하고는 바다 위로 멀리 날아가지 못한다.

어센션섬 그린산에서 내려다본 풍경. 다윈은 한때 자신이 '완전히 타 버린' 나머지 '흉물스러운' 섬이 되었다고 했던 이 섬에 이 풍경을 만들어 내는 데 도움을 주었다. 친구이자 식물학자인 조지프 후커Joseph Hooker가 다윈의 제안을 받아들여 식물들을 들여와 산에 심기 시작했는데, 지금은 이 식물들이 무성하게 자라 운무림을 이룬 덕분에 이곳이 국립공원으로 지정되었다.

나는 아주 오래된 항해 기록들을 자세하게 조사했지만, 대륙이나 큰 대륙도大陸島(지질상 대륙과 밀접한 관계가 있는 섬으로, 대륙 일부가 단층이나 침식으로 인해 대륙에서 떨어져 나오거나 해저 융기로 생긴 섬을 이른다—옮긴이)로부터 약 500km 이상 떨어진 섬에 육상 포유류 고유종이 분명히 살았다는 사례를 단 한 건도 발견하지 못했다.

그렇다고 해서 작은 섬에 쥐나 토끼처럼 작은 포유류가 살 수 없는 것은 아니다. 대륙에 가까운 작은 섬들에 그런 포유류가 사는 사례는 많은 곳에서 발견된다. 그리고 사람이 작은 포유류를 들여오고 나서 그 동물의 수가 크게 늘어나지 않은 섬은 거의 찾기 어렵다.

거의 모든 섬에 토착종으로 살고 있는 포유류는 오직 박쥐 한 종류뿐인데, 그 섬의 고유종인 경우가 많다. 그렇다면 창조의 힘은 대륙에서 멀리 떨어진 섬에 다른 포유류는 만들지 않았으면서 왜 박쥐만 만들었을까 하는 의문이 생긴다. 내 이론에 따르면, 이 질문에 쉽게 답할 수 있다. 육상 포유류는 넓은 바다를 건널 수 없지만, 박쥐는 하늘을 날아 건널 수 있다. 예를 들면, 북아메리카에 사는 박쥐 두 종은 본토에서 약 1000km나 떨어진 버뮤다 제도의 섬들을 방문한다고 알려져 있다.

다윈의 유명한 핀치

비글호가 갈라파고스 제도에 도착한 1836년, 다윈은 갈라파고스 제도 총독이 한 말을 곰곰이 생각했다. 갈라파고스 제도에는 커다란 땅거북이 살고 있었는데, 총독은 땅거북의 등딱지 모양이 섬마다 제각각 다르다고 말했다. 다윈은 공책에 그러한 변이는 "종의 안정성을 약화시킬 것"이라고 썼는데, 이것은 종이 불변의 형태로 영원히 고정돼 있지 않음을 보여 준다는 뜻이었다. 다윈은 이 글을 쓸 당시에는 몰랐지만, 갈라파고스 제도에서 채집해 영국으로 가져온 조류 표본에는 종이 변한다는 사실을 뒷받침하는 증거들이 더 있었다.

영국으로 돌아온 뒤 다윈은 조류 표본을 조류학자 존 굴드John Gould에게 건네주어 분석을 맡겼다. 그중에는 갈라파고스 제도에서 채집한 흉내지빠귀 4종과 핀치 13종이 포함돼 있었다. 다윈은 이 새들을 자세하게 조사하지 않았다. 특히 핀치들은 영국에 사는 종들과 아주 달랐다. 다윈은 심지어 갈라파고스 제도에서 채집한 일부 조류가 핀치라는 사실조차 알지 못했다! 굴뚝새나 블랙버드의 일종이겠거니 하고 생각했다.

다윈은 굴드로부터 흉내지빠귀 4종이 서로 아주 가까운 관계에 있으며, 핀치 13종은 서로 아주 비슷하지만 나머지 핀치 종들과 다르다는 말을 듣고서 크게 놀랐다. 다윈은 공책의 기록과 기억, 조류 채집을 도왔던 선원들이 보존하고 있던 표본을 참고해 서로 다른 핀치 종들이 각각 다른 섬에서 채집되었다는 사실을 알아냈다.

그리고 다윈은 갈라파고스 제도의 모든 핀치 종들은 남아메리카 본토에서 날아온 단일 부모 종에서 유래했다는 결론을 내렸다. 시간이 지나면서 이 부모 종은 여러 섬의 제각기 다른 환경에 적응해 새로운 형태로 변해 갔다. 어떤 종은 단단한 씨앗을 깨기에 적합하도록 부리가 짧고 두껍게 변했다. 또 다른 종은 선인장에 붙어 있는 곤충을 잡기에 적합하도록 부리가 좁고 구부러진 형태로 변했다. 각각의 종은 분명히 각 섬의 환경 조건에 따라, 그리고 생존 경쟁을 통해 새로운 형태로 변해 간 것으로 보였다. 넉 달 뒤, 다윈은 종의 진화에 관한 이론을 처음으로 공책에 쓰기 시작했다. 그리고 1839년에 출판된 『비글호 항해기』에서 갈라파고스 제도의 핀치에 관한 이야기를 썼다(하지만 『종의 기원』에서는 핀치에 관한 이야기를 자세히 하진 않았다).

갈라파고스 제도의 핀치는 그 뒤로 아주 유명해졌다. 핀치는 다윈이 자신의 이론을 만드는 데 중요한 역할을 했을 뿐만 아니라, 진화의 작용 방식을 보여 주는 사례로 자주 인용된다. 그러나 존 굴드의 도움이 없었더라면, 다윈은 핀치의 비밀을 결코 알아내지 못했을 것이다.

다윈이 갈라파고스 제도에서 가져온 핀치 중 네 종을 존 굴드가 묘사한 그림.

1. 큰땅핀치 *Geospiza magnirostris*
2. 중간땅핀치 *Geospiza fortis*
3. 작은나무핀치 *Geospiza parvula*
4. 솔새핀치 *Certhidea olivacea*

군도와 대륙

섬과 본토 모두에 같은 종이나 비슷한 종이 사는 상황을 좌우하는 요소는 섬과 본토 사이의 거리 외에 수심도 있다. 예를 들면, 넓은 지역에 퍼져 있는 말레이 군도는 어느 한 지점에서는 아주 깊은 대양을 지나야만 건너편으로 건너갈 수 있다. 이 지점은 군도의 두 지역에 사는, 서로 아주 다른 두 포유류 집단을 나누는 경계선이 된다.

군도群島는 크고 작은 섬들이 무리를 지어 모여 있는 것을 말한다. 말레이 군도는 동남아시아에 있다.

이와는 대조적으로 영국과 유럽 대륙 사이에는 얕은 해협이 놓여 있으며, 그래서 양쪽에 동일한 포유류들이 살고 있다.

해수면에 변화가 일어날 때, 얕은 해협으로 본토와 분리된 섬들은 깊은 해협으로 분리된 섬들보다 마른 땅을 통해 본토와 연결될 가능성이 훨씬 높다. 일부 섬들의 포유류가 가까운 대륙의 포유류와 동일하거나 비슷한 이유는 이것으로 설명할 수 있다. 종이 각각의 장소에서 독립적으로 창조되었다는 견해로는 이러한 관계를 설명할 수 없다.

대양도에 사는 생물에서 관찰된 모든 사실은 긴 시간에 걸쳐 가끔 우연히 일어나는 확산 수단의 작용과 잘 들어맞는 것으로 보인다. 나는 아주 멀리 떨어진 섬에서 살고 있는 일부 종이 현재의 서식지에 어떻게 도착했는지 이해하는 데 어려움이 많다는 사실을 부인하지 않는다. 그 중간에 한때 다른 섬들이 중간다리로 존재했다가 긴 시간이 지나는 동안 흔적도 없이 사라졌을 가능성이 있다.

군도에 사는 종들은 가까운 대륙에 사는 종들과 분명히 차이가 있긴 하지만 유연관계가 아주 가깝다. 군도 내에서도 가끔 같은 현상이 소규모로 아주 흥미롭게 나타나는 것을 볼 수 있다.

갈라파고스땅거북. 다윈은 이 땅거북들의 등딱지가 섬마다 제각각 다르다는 사실에 깊은 인상을 받았다. 안타깝게도 비글호에 실려 간 땅거북은 모두 선원들의 식량으로 소비되었고, 그 등딱지들은 다윈이 연구하기 전에 바다로 던져지고 말았다.

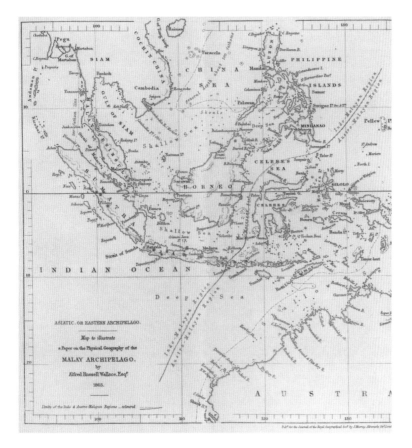

1863년에 제작된 이 말레이 군도 지도에서 빨간색 선은 박물학자 앨프리드 러셀 윌리스가 군도에 서식하는 두 종류의 동물 개체군을 따로 구분하기 위해 그은 선이다. 이 선을 월리스선이라 부른다.

　예를 들면, 갈라파고스 제도의 섬들에는 유연관계가 아주 가까운 종들이 살고 있다. 각각의 섬에 사는 종들은 세상의 나머지 다른 곳에 사는 비슷한 종보다 유연관계가 훨씬 가깝다. 이것은 내 이론에서 충분히 예측할 수 있는 사실이다. 섬들은 서로 아주 가까운 거리에 있어 동일한 근원지로부터 이 섬들로 종들이 이주해 온 게 틀림없다. 따라서 각 섬에 현재 살고 있는 종들은 이렇게 이주해 온 동물들로부터 유래했다. 이 사실을 비롯해 지리적 분포에 관한 그 밖의 중요한 사실들은 모두 이주와 변화와 새로운 형태의 증식으로 설명할 수 있다.

12장

생물의 공통적인 특징

모든 유기체는 하위 계통으로 내려갈수록 서로를 닮았는데, 이것은 생물들을 큰 집단 내에서 다시 그 아래의 집단으로 분류할 수 있다는 뜻이다. 박물학자들은 생물들을 '자연적 분류 체계'를 바탕으로 각각의 강綱 안에서 다시 과科와 속屬과 종種으로 분류하려고 노력한다. 그런데 이 체계는 무엇을 의미할까?

어떤 사람은 이 체계를 단순히 서로 닮은 것끼리 함께 묶고 닮지 않은 것들은 서로 갈라놓으면서 생물을 분류하는 방법이라고 생각할 것이다. 이것은 또한 생물에 관한 일반적인 서술을 최대한 간략하게 하는 방법이기도 하다. 예를 들면, 첫 번째 문장에서는 모든 포유류가 공유한 특징을 열거할 수 있고, 두 번째 문장에서는 모든 육식 포유류가 공유하는 특징을 열거할 수 있으며, 세 번째 문장에서는 늑대와 개 등의 개속에 속한 동물들이 공유하는 특징을 열거할 수 있다. 그리고 마지막 문장에서는 개속에 속한 각 종류의 동물을 기술할 수 있다.

이 체계가 매우 독창성이고 유용하다는 것은 이론의 여지가 없다. 그러나 많은 사람들은 분류는 단순히 유사성을 바탕으로 할 것이 아니라, 그보

원앙 수컷(왼쪽)과 암컷은 겉모습의 차이에도
불구하고 같은 종에 속한다.

다 더 엄밀한 기준을 바탕으로 해야 한다고 생각한다.

계통은 우리의 일반적인 분류에서 이미 중요한 요소로 쓰이고 있다. 예를 들면, 같은 종의 암컷과 수컷 또는 늙은 개체와 어린 개체가 생김새와 행동에서 상당한 차이가 있더라도, 이들이 같은 부모에게서 태어났다는 사실을 알면, 우리는 계통을 바탕으로 이들을 같은 종으로 분류한다.

또, 변종이 아무리 부모와 다르다 하더라도, 같은 부모 종에서 유래한 변종을 분류할 때에도 계통을 사용한다. 계통은 분류를 통해 부분적으로 드러나는 유대 관계이다.

종들이 공통 조상으로부터 변화를 동반한 대물림을 통해 유래했다는 내 견해를 받아들인다면, 왜 살아 있거나 멸종한 모든 생물을 하나의 거대한 체계로 묶을 수 있는지 쉽게 이해할 수 있다. 각 강의 구성원들은 집단 속에 자리 잡은 집단을 이루면서 복잡하고 퍼져 나가는 관계의 선들로 연결돼 있다. 아마도 우리는 생물들 사이에 얽혀 있는 관계 그물을 결코 완전히 풀지 못할 테지만, 미지의 어떤 창조 계획에 의지하지 않는다면, 느리지만 확실한 진전을 기대할 수 있다.

생물의 신체는 이런 관계들에 대해 무엇을 알려 줄 수 있을까? 우리는 세 연구 분야의 증거들을 살펴볼 것이다. 그 세 가지는 생물의 물리적 형태, 태어나기 전에 발달하는 생물의 특징, 그리고 많은 종의 신체에 포함돼 있는 쓸모없는 부분을 연구하는 분야이다.

형태학

같은 강에 속한 동식물 구성원들은 그 생활 습성이야 어떻든 일반적인 형태가 서로 비슷하다. 이러한 유사성을 흔히 '유형의 통일성'이라고 부른다. 같은 강에 속한 종들의 신체 부위들과 기관들은 상동相同이다.

상동 기관은 형태나 기능은 달라도 기원과 구조가 같은 기관을 말한다.

생물의 형태와 구조를 연구하는 분야를 형태학이라고 한다. 형태학은 박물학에서 가장 흥미로운 분야로, 박물학의 영혼이라고 부를 수 있다. 포유강에서 볼 수 있는 상동 기관의 예로는, 물체를 붙잡기에 적합한 사람의 손, 땅을 파기에 적합한 두더지의 앞발, 달리기에 적합한 말의 앞다리, 헤엄을 치기에 적합한 쇠돌고래의 지느러미발, 날기에 적합한 박쥐의 날개 등과 같은 것들이 있다. 이것들은 모두 동일한 뼈들이 상대

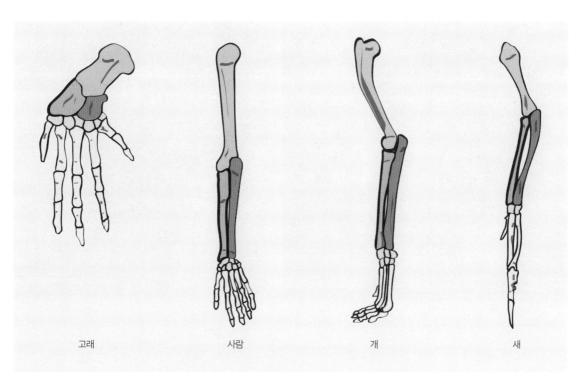

이 네 포유류(그리고 그 밖의 많은 포유류)의 앞다리에는 크기와 비율은 제각각 다르지만 똑같은 뼈들이 포함돼 있다.

| 고래 | 사람 | 개 | 새 |

적으로 동일한 위치에 배열되어 똑같은 패턴으로 만들어진 상동 기관이다. 이것보다 더 흥미로운 사실이 또 있을까?

위에 예로 든 상동 기관들에서 각 부분은 어떤 형태나 크기로도 변할 수 있지만, 전체적으로는 정확하게 똑같은 순서로 연결돼 있다. 팔뼈와 손목뼈의 위치가 바뀐다거나 넙다리뼈가 정강이뼈나 종아리뼈와 위치가 바뀐 사례는 절대로 볼 수 없다. 이런 이유 때문에 서로 아주 다른 동물들이라도 상동 관계인 뼈들에 같은 이름을 사용할 수 있다.

곤충의 입이 만들어지는 방식에서도 동일한 법칙을 볼 수 있다. 박각시나방의 엄청나게 긴 나선형 주둥이와 기묘하게 접힌 벌의 주둥이와 딱정벌레의 거대한 턱은 서로 아주 다른 기관처럼 보인다.

그러나 각각 다른 용도로 쓰이는 이 세 기관은 동일한 부위가 변형되어 만들어졌는데, 그 부위는 바로 윗입술과 아래턱뼈와 두 쌍의 위턱뼈이다. 식물의 다양한 꽃들 역시 동일한 기본적인 부위들이 변형되어 생긴 것이다.

박각시나방(왼쪽)과 사슴벌레(오른쪽).

자연 선택은 이 사실들을 설명할 수 있다. 발달 단계에서 일어나는 각각의 변화는 어떤 방식으로건 그 생물에게 이득이 되는 게 틀림없지만, 한 부분에 일어난 변화는 다른 부분의 성장에 영향을 미치는 경우가 많다. 이런 이유 때문에 원래의 패턴을 바꾸려는(부분들의 위치를 바꾸려는) 경향은 거의 또는 전혀 나타나지 않는다. 다리뼈는 어느 정도 짧아지거나 길어질 수 있고, 점차 살로 덮여 지느러미나 날개 역할을 할 수도 있지만, 서로 연결된 뼈들의 전체적인 틀은 전혀 변하지 않는다.

모든 포유류의 조상이 그 기능이 어떤 것이었건 오늘날 존재하는 패턴으로 만들어진 다리를 가지고 있었다고 가정한다면, 전체 포유강(사람, 두더지, 말, 쇠 돌고래, 박쥐 등)의 다리가 왜 상동인지 즉각 알 수 있다. 자연 선택은 상동 기관의 형태와 기능의 다양성을 설명해 준다.

<aside>
유전학과 수천 종의 물리적 구조를 바탕으로 과학자들은 포유류 중에서 유대류를 제외한 모든 종은 나무를 기어오르며 곤충을 잡아먹고 살던 몸집이 작고 꼬리가 달린 동물로부터 유래했다고 생각한다. 이 동물은 공룡이 멸종하고 나서 50만 년이 지나기 전에 진화했다. 아직까지 그 화석은 발견되지 않았다.
</aside>

발생학의 증거

공통의 계통을 보여 주는 증거는 배(胚, 태어나기 전의 발생 초기 단계에 있는 동물)에서 볼 수 있다. 한 가지 흥미로운 사실은 개개 동물의 특정 기관들이 다 자라고 난 뒤에는 겉모습과 용도가 아주 다르더라도, 배 단계에서는 정확하게 똑같아 보인다는 점이다.

또 한 가지 흥미로운 사실은 서로 다른 종류의 동물들도 그 배가 놀랍도록 비슷한(특히 발달 초기 단계에서) 경우가 많다는 점이다. 이러한 유사성의 흔적은 가끔 동물이 태어난 뒤까지도 지속된다. 조류의 경우 유연관계가 가까운 종들은 첫 번째와 두 번째 단계의 깃털이 아주 비슷해 보일 때가 많으며, 이 깃털들이 새 깃털로 교체되기 전까지는 각 종의 특징적인 무늬가 나타나지 않는다.

우리는 배와 어른의 구조 차이를 잘 알고 있다. 또, 같은 강에 속한 아주 다른 동물들의 배들이 매우 비슷하다는 사실도 알고 있다. 이 사실들은 개체의 성장 과정에 꼭 필요한 일부라고 생각할 수도 있지만, 왜 꼭 그래야 할까? 박쥐 날개나 쇠돌고래의 지느러미가 배에서 어떤 구조가 눈에 띄게 나타나는 바로 그 순간부터 어른의 날개나 지느러미와 같은 모습으로 나타나지 말아야 할 분명한 이유가 없다.

배에 관한 이 사실들을 어떻게 설명할 수 있을까? 나는 변화를 동반한 대물림으로 설명할 수 있다고 생각한다.

우리는 일반적으로 개개 생물의 사소한 변이가 발달 초기에 나타난다고 생각하지만, 항상 그런 것은 아니다. 소나 말, 또는 그 밖의 동물을 사육하는 사람들은 동물이 태어나고 어느 정도 시간이 지나기 전까지는 그 동물의 정확한 특징이 최종적으로 어떤 것이 될지 확실히 알 수 없다고 말한다. 이것은 우리 자신의 아이들에게서도 분명히 볼 수 있다. 우리는 아이의 키가 클지 작을지, 혹은 이목구비가 어떻게 될지 알 수 없다. 나는 개체의 변이가 태어나기 전에 일어난다고 믿지만, 태어나고 나서 한참 지날 때까지 변이가 나타나지 않을 수도 있다. 예를 들면, 특정 유전 질환은 나이를 많이 먹은 뒤에 나타난다.

여기서 이야기하는 다윈의 개념은 현대 과학자들이 알고 있는 유전학 지식과 일치한다.

지구에서 살았던 모든 생물을 단일 분류 체계에 집어넣어야 하기 때문에, 최선의 배열 혹은 유일하게 가능한 배열은 생김새나 구조를 바탕으로 한 것이 아니라 계통을 바탕으로 한 것이다. 서로 다른 생물들이 같은 조상에서 유래한 계통은 박물학자들이 그동안 찾으려고 애써 온 연결의 숨겨진 유대 관계라고 나는 생각한다.

만약 두 동물 집단이 동일하거나 비슷한 배 발생 단계들을 거친다면, 이들은 구조나 습성 면에서 아무리 큰 차이가 나더라도, 동일하거나 비슷한 부모에게서 유래했다고 확신할 수

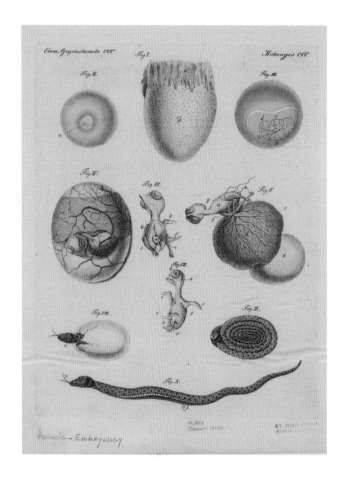

다윈 이전에 약 100년 동안 박물학자들은 오늘날 발생학(태아나기 전 발생 단계의 생물을 연구하는 분야)이라 부르는 연구에 큰 흥미를 느꼈다. 새와 뱀의 알과 배, 어린 새끼를 묘사한 이 그림은 1801년에 그린 것이다.

다윈 이후에 일부 박물학자들은 생물은 배 발달 단계에서 그 생물이 진화해 온 전체 역사를 반복한다는 '발생 반복설'을 믿었다. 비록 배는 진화에 대한 단서를 일부 제공하긴 하지만, 오늘날 발생 반복설은 틀린 것으로 밝혀졌다.

있다. 배 구조의 공통성은 계통의 공통성을 드러낸다. 성체의 구조가 아무리 많이 변하거나 숨겨졌다 하더라도, 배 단계에서는 이러한 공통의 계통이 드러난다. 각 종이나 종들의 집단의 배 단계는 그 종이 현재의 형태로 변하기 전에 먼 조상이 가졌던 구조를 부분적으로 보여 준다.

쓸모없는 신체 부위

흔적 기관은 제한적인 형태나 제대로 발달하지 않은 형태 또는 기본적인 형태로 존재한다.

쓸모없는 기관이나 신체 부위는 자연계에서 아주 흔하다. 예를 들면, 수컷 포유류는 젖이 나오지 않는 젖샘이 흔적 기관으로 남아 있다. 뱀은 다리가 없지만, 일부 뱀은 몸속에 골반뼈와 다리뼈의 흔적이 남아 있다. 고래는 태아 단계일 때 머리에 이빨이 있지만, 다 자란 고래는 이빨이 없다. 날개가 비행을 위해 생겨났다는 것은 너무나도 명백한 사실이지만, 많은 곤충은 날개가 심하게 위축되어 비행에 아무 쓸모가 없다. 심지어 날개가 딱지날개 밑에 들러붙어 있어 펴지지 않는 경우도 많다!

기관은 흔적 기관으로 변하거나 원래의 목적에는 아무 쓸모가 없지만 다른 목적으로 쓰일 수 있다. 예를 들면, 물고기의 부레는 물고기에게 부력을 제공하는 기관이다. 그러나 어떤 물고기들은 부레가 부력에 별 도움이 되지 않는 것처럼 보인다. 그 대신에 호흡 기관, 즉 폐로 발달하는 출발점이 되었다.

고래 위턱의 이빨 같은 흔적 기관이 배 단계에서 나타났다가 나중에 사라진다는 것은 중요한 사실이다. 나는 다 자랐을 때보다 배 단계에서 흔적 기관이나 부위가 다른 신체 부위에 비해 더 큰 것이 보편적인 법칙이라고 믿는다. 어른의 흔적 기관은 배 단계의 조건이 그대로 유지된 것이라고 흔히 이야기한다.

흔적 기관에 대해 깊이 생각하는 사람은 누구나 크게 놀라지 않을 수 없다. 우리의 합리적 추론은 신체 부위와 기관이 특정 목적을 위해 정교하게 적응했다고 말하는데, 이 동일한 추론에 따른다면 제대로 발달하지 않은 기관은 불완전하고 쓸모없는 것이어야 하기 때문이다. 자연사에 관한 저서들에서는 흔적 기관이 일반적으로 "대칭을 위해" 또는 "자연의 계획을 완성하기 위해" 만들어졌다고 이야기한다. 그러나 내게는 이 주장이 단순히 흔적 기관이 존재한다는 사실을 다시 반복하는 것일 뿐, 제대로 된 설명으로 보이지 않는다.

변화를 동반한 대물림이라는 내 견해에 따르면, 흔적 기관의 기원은 아주 단순하다. 알아챌 수 없을 만큼 작은 단계를 통해 일어나는 기능의 변화는 자연 선택이 발휘하는 힘의 범위 안에 있다. 만약 생활 조건의 변화로 어떤 기관이 특정 목적에 쓸모없거나 해로운 것이 된다면, 자연 선택은 그것을 다른 목적으로 쓰이도록 변화시킬 수 있다. 그리고 어떤 기관이 더 이상 원래 목적으로 쓰이지 않는다면, 그 기관은 변이를 일으켜 다른 목적으로 쓰일 수도 있는데, 자연 선택이 그러한 변이를 억제하지 않기 때문이다.

흔적 기관은 단어에 아직 포함돼 있지만 발음은 되지 않는(즉, 묵음인) 문자에 비유할 수 있

여기서 다윈이 언급한 곤충은 땅에서 살아가는 많은 딱정벌레 종들처럼 성충이 되면 날개가 생기지만 날지 못하는 곤충을 가리킨다. 이 종들은 날개가 필요 없는 환경 조건에 적응했기 때문에 더 이상 날개가 아무런 기능을 하지 않는다.

물고기는 아가미로 숨을 쉰다. 다윈은 공기를 호흡하는 동물의 폐가 물고기의 부레에서 진화했다고 생각했다. 그러나 오늘날의 과학자들은 그랬을 가능성이 희박하다고 생각한다.

고래는 이빨이 있는 육상 동물로부터 진화했다. 수염고래는 이빨 대신에 수염(위턱에 빗 모양으로 늘어선 판들로, 물에서 먹이를 거르는 데 쓰임)을 사용하도록 진화했지만, 태아에게서 발견되는 흔적 이빨은 먼 옛날의 조상이 어떤 동물이었는지 알려 준다. 이 이빨은 새끼가 세상에 태어나기 전에 조직 속으로 흡수된다.

전설과 오해

찰스 다윈이 『종의 기원』으로 세상 사람들에게 자연 선택에 의한 종의 진화를 소개한 것은 1859년이었다. 그러나 세월이 한참 지난 뒤에도 진화를 잘못 이해하고 있는 사람들이 많다. 다음 사실들은 그러한 전설과 오해를 바로잡기 위한 것이다.

진화는 개체를 변화시키지 않는다.

자연 선택은 개체에 작용하지만, 진화는 긴 시간에 걸쳐 전체 개체군 수준에서 작용한다. 개개 생물에게도 변화가 '일어날 수' 있다. 예를 들면, 아주 추운 겨울에는 동물에게 두꺼운 털이 자랄 수 있지만, 이와 같은 변화는 후손에게 전달되지 않는다. 이것은 기후 순응의 예로, 개체가 환경 변화에 대응하는 것일 뿐, 진화적 적응이 아니다. 진화가 일어나려면, 조건의 변화로 인해 자연 선택이 두꺼운 털이 자라는 능력을 선천적으로 타고난 개체를 선호하고,

그래서 그런 개체가 번성하면서 자손을 더 많이 낳아야 한다.

(후성유전학이라는 새로운 과학 분야는 생물이 살아가는 동안 일어난 일부 변화가 후손에게 '전달될 수' 있음을 입증했다. 이러한 변화는 부모 생물의 DNA 서열을 변화시키진 않는다. 그 대신에 염색체가 유전자의 작용에 영향을 미치는 방식에 변화를 가져온다. 스트레스와 질병, 그 밖의 요인이 유전 가능한 후성유전적 변화를 일으킬 수 있지만, 이런 변화가 장기적인 진화에 어느 정도나 기여하는지는 과학자들도 아직 잘 모른다.)

진화가 반드시 진보를 뜻하지는 않는다.

돌연변이는 무작위로 일어난다. 돌연변이는 생물에게 해로울 수도 있고, 이로울 수도 있고, 아무 효과가 없을 수도 있다. 자연 선택은 해로운 돌연변이를 솎아내고 이로운 돌연변이를 강화하는 경향이 있지만, 자연 선택을 비롯

꽁지깃을 부채처럼 활짝 펼친 공작.

하늘을 나는 공작.

해 그 밖의 진화의 힘들은 특정 목적을 위해 작용하지 않는다. 생명의 역사는 세균이나 벌레처럼 단순한 '하등' 생물로부터 조랑말과 사람처럼 복잡한 '고등' 동물로 발전해 가는 이야기가 아니다. 조랑말이 조랑말로 살아가는 데 능숙한 것처럼 벌레는 벌레로 살아가는 데 아주 능숙하다.

진화는 그 조건이 어떤 것이건 간에 생물을 자신의 생활 조건에 적응하게 한다. 고래와 뱀의 조상은 다리가 있었다. 그 후손들은 자신의 생활 조건에서 다리가 더 이상 필요 없게 되자, 이 복잡한 기관을 '잃고' 말았다.

진화는 완벽함을 낳지 않는다.

다윈은 자연 선택의 결과를 묘사하기 위해 가끔 '개선'이라는 단어를 사용했다. 또, 기하학적 모양의 방들로 이루어진 벌집을 만드는 꿀벌의 본능적 능력처럼 진화의 복잡한 산물을 묘사하기 위해 '완벽한'이라는 단어를 사용했다. 그러나 실제로는 '개선'은 단순히 종이 특정 환경에서 자신의 삶에 서서히 적응해 가는 것을 의미할 뿐이다. 꿀벌도 가끔은 일을 엉망으로 해 완벽과는 한참 거리가 먼 방들과 벌집을 만든다. 또한, 다른 종류의 벌집을 만드는 벌들이 꿀벌보다 '덜 완벽한' 것은 아니다.

완벽하거나 이상적인 형질이어야만 자연 선택을 통해 보존되는 것은 아니다. 생물에게 조금이라도 이득이 되기만 하면 충분하다. 심지어 해로운 변이도 다소 이로운 변이와 함께 붙어 다닌다면 보존될 수 있다. 진화에서는 얻는 것이 있으면 잃는 것이 있는 교환이 일어난다. 공작이 좋은 예이다. 화려한 색의 깃털 부채가 배우자를 유혹하는 데에서 얻는 이득은 무겁고 질질 끌리는 꼬리가 포식 동물의 눈길을 끌어 잡아먹힐 위험을 높이는 손해보다 커야 한다. 만약 그렇지 않다면, 우리는 공작의 화려한 꽁지깃을 보지 못할 것이다.

다윈과 사람의 진화

다윈은 『종의 기원』에서 사람 종에 대해서는 거의 이야기 하지 않았다. 마지막 장에서 다윈은 자신의 이론이 완전히 이해되고 받아들여지면, "사람의 기원과 그 역사에 빛이 비칠 것이다"라고 썼다. 그러나 많은 독자들은 다윈의 이론이 사람을 포함해 모든 생물에게 적용된다는 사실을 알아챘다. 어떤 사람들은 『종의 기원』을 사람의 기원에 대한 그들의 개념이나 믿음을 공격하는 것으로 간주했다.

다윈은 사람도 자연계의 일부로, 모든 생물을 빚어내는 동일한 자연 법칙과 과정에 영향을 받는다고 생각했다. 다윈은 1871년에 사람의 진화와 성 선택을 다룬 『인간의 유래』를 출판했다. 이 책은 아주 잘 팔려, 몇 년 안에 1875년에 출간된 이 책(오른쪽)을 포함해 개정판이 여러 번 나왔다.

『인간의 유래』에서 다윈은 사람이, 일부 독자들이 잘못 생각한 것처럼, 오늘날 살고 있는 유인원이나 원숭이가 아니라 오래전에 멸종한 유인원 비슷한 조상에게서 유래했다고 주장했다. 과학은 다윈의 생각이 옳음을 입증했다. 오늘날 우리는 사람의 조상 종(하나 이상이 존재했다)이 수백만 년 전에 우리와 가장 가까운 친척 동물인 유인원의 조상이기도 한 호미니드 가족에서 갈라져 나왔다는 사실을 알고 있다.

THE

DESCENT OF MAN,

AND

SELECTION IN RELATION TO SEX.

By CHARLES DARWIN, M.A., F.R.S., &c.

SECOND EDITION (ELEVENTH THOUSAND), REVISED AND AUGMENTED.

With Illustrations.

LONDON:
JOHN MURRAY, ALBEMARLE STREET.
1875.

[The right of Translation is reserved.]

다. 언어를 연구하는 사람들에게 이런 문자는 단어의 어원을 찾을 때 단서를 제공한다. 모든 종은 현재 존재하는 모습 그대로 창조되었다는 교리를 믿는다면, 불완전하거나 쓸모없는 흔적 기관은 설명하기 어려운 골칫거리가 된다. 그러나 변화를 동반한 대물림 이론에 따르면, 이러한 기관은 과거를 알려 주는 단서이다.

거대한 체계

이 장에서 나는 분류와 형태학, 발생학, 쓸모없는 신체 부위에 관한 문제를 모두 나의 자

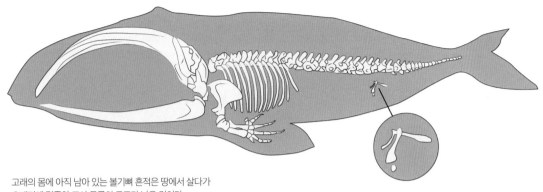

고래의 몸에 아직 남아 있는 볼기뼈 흔적은 땅에서 살다가
오래전에 멸종한 조상 동물의 구조가 남은 것이다.

연 선택을 통한 변화를 동반한 대물림 이론으로 설명할 수 있다는 것을 보여 주려고 했다.

이 장에서 살펴본 사실들은 이 세계의 수많은 종과 속, 과의 생물들이 모두 각자 자신의 강이나 집단 내의 동일한 부모로부터 유래했음을 분명히 보여 준다. 그리고 모든 생물은 대물림 과정에서 변화했다. 이 세상의 살아 있는 생물뿐만 아니라 멸종한 생물까지 모두 다 복잡하게 뻗어 나간 계통과 관계의 선들을 통해 하나의 거대한 체계로 통합돼 있다.

Elliott & Fry, Photo.

Walker & Cockerell, ph. sc.

Ch. Darwin

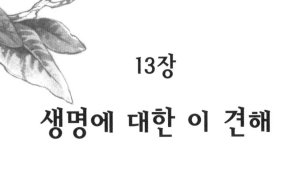

13장
생명에 대한 이 견해

이 책 전체가 하나의 긴 논증이므로, 주요 사실들과 거기서 이끌어 낸 결론들을 요약하여 소개하면 독자에게 편리할 것이다.

나는 잡종의 불임과 전이 형태의 화석 부재를 포함해, 자연 선택을 통한 변화를 동반한 대물림 이론에 대한 여러 반론을 이미 소개했다. 나는 오랜 세월 동안 이 어려운 문제들을 매우 무겁게 느껴 그 중요성을 의심하지 않았고, 각각의 문제에 답을 내놓으려고 노력했다.

중요한 반론과 연결된 문제들, 예컨대 유전의 법칙 같은 것을 우리가 잘 모른다는 사실을 지적할 필요가 있다. 우리는 이런 문제들의 답을 알지 못할 뿐만 아니라, 우리가 '얼마나' 무지한지조차 모른다. 예를 들면, 우리는 가장 간단한 형태의 기관과 눈처럼 가장 복잡한 형태의 기관 사이에 존재할 수 있는 단계들을 다 알지 못한다. 또, 지질학적 기록이 얼마나 불완전한지도 알지 못한다. 이것들은 중대한 문제들이지만, 내 판단으로는 변화를 동반한 대물림 이론을 뒤집어엎을 만한 것들은 아니다.

이제 이 논증의 정반대 측면, 즉 내 이론을 지지하는 주장과 사실을 살펴보자.

이 사진은 찰스 다윈이 죽기 1년 전인 1881년에 찍은 것이다.

변이와 자연 선택

우리는 재배 식물과 가축의 변이성으로 이야기를 시작했다. 변이성을 지배하는 복잡한 법칙들이 많이 있고, 우리는 아직 그것들을 잘 알지 못하지만, 변이가 일어난다는 사실만큼은 알고 있다.

재배 식물과 가축이 인위 선택을 통해 얼마나 많이 변했는지는 알기가 매우 어렵다. 그러나 그동안 일어난 변화의 양이 아주 많았으며, 그러한 변화들이 아주 오랫동안 대물림될 것이라고 생각해도 무방하다. 생활 조건이 동일하게 유지되는 한, 이미 많은 세대 동안 대물림되어 온 변화는 거의 무한한 세대 동안 더 대물림될 것이다. 반면에 변이성이 완전히 중단되는 일은 없다. 가장 오래된 재배 식물과 가축에서 아직도 가끔 새로운 변종이 만들어지고 있다.

사람이 변이성을 만들어 내는 것은 아니다. 그러나 사람은 자연이 준 변이들 중에서 선택할 수 있고 또 선택을 하며, 통제된 품종 개량을 통해 변이를 바람직한 방식으로 축적할 수 있다. 이런 방법으로 사람은 자신의 이익이나 즐거움을 위해 동물과 식물을 변화시킨다.

사육이나 재배 상태에서 작동하는 선택의 원리가 자연에서 작동하지 말아야 할 이유는 없다. 가장 강력하고 늘 작용하는 선택의 수단은 끊임없이 벌어지는 생존 경쟁에서 볼 수 있는데, 그 결과로 유리한 개체와 변종이 보존된다.

생존 경쟁이 끊임없이 계속되는 이유는 살아남을 수 있는 것보다 더 많은 개체가 태어나기 때문이다. 아주 사소한 변이가 어떤 개체가 살아남고 어떤 개체가 죽을지를(그리고 어떤 변종이나 종이 개체수가 불어나고, 어떤 변종이나 종이 개체수가 줄어들거나 멸종할지를) 결정한다.

지질학은 모든 땅이 커다란 물리적 변화를 겪어 왔음을 보여 준다. 마찬가지로 생물들은 일반적으로 사육이나 재배 상태에서 변이가 일어난 것처럼 자연 조건에서도 변이가 일어났을 것이라고 예상할 수 있다. 그리고 만약 자연적인 변이성이 존재한다면, 반드시 자연 선택이 관여해 작용할 것이다. 만약 사람이 자신에게 가장 유익한 변이를 선택할 수 있다면, 변화하는 생활 조건에서 자연은 왜 자신의 생물들에게 유익한 변이를 선택할 수 없겠는가? 오랜 세월에 걸쳐 작용하고, 각 생물의 형태와 습성을 평가하고, 이로운 것을 장려하고 해로운 것을 배척하는 자연의 능력에 어떤 한계가 있겠는가? 나는 각각의 형태를 생명의 가장

아프리카물소 시체를 뜯어먹는 암사자들. 다윈은 생존 경쟁이 '끊임없이' 일어난다고 주장했다.

복잡한 관계들에 서서히 그리고 아름답게 적응시키는 자연의 이 능력에 아무 한계가 없다고 생각한다. 자연 선택 이론은 더 이상 깊이 살펴보지 않더라도 옳을 가능성이 아주 높아 보인다.

각 종에서 변이가 일어난 후손들은 습성과 구조가 점점 더 다양해지면서 자연에서 서로 다른 여러 장소들을 차지할 수 있기 때문에 개체수가 늘어날 것이다. 이런 이유로 자연 선택은 어떤 종에서 변이가 많이 일어나는 후손을 보존하는 경향이 있다. 이것은 두 변종 사이의 미소한 차이도 시간이 지나면 두 종 사이의 더 큰 차이로 확대된다는 것을 뜻한다.

모든 생명 형태는 집단 속에서 다시 하위 집단을 이루는 식으로 배열돼 있다. 이러한 배열은 주변의 모든 곳에서 볼 수 있으며, 모든 시대를 통틀어 일반적으로 일어난 일이다. 만약 각 종이 독립적으로 창조되었다면, 모든 생명 형태가 이렇게 서로 집단을 이루며 배열되고 상호 연결돼 있는 현상은 절대로 설명할 수 없을 것이다.

이 이론이 설명하는 것

나는 자연 선택을 통한 변화를 동반한 대물림 이론이 이 밖에도 많은 사실을 설명한다고 생각한다.

특정 종류의 딱따구리가 나무 위가 아니라 땅 위에서 곤충을 잡아먹으며 살도록 창조되었다거나, 헤엄을 전혀 또는 거의 치지 않는 고지대거위(마젤란거위라고도 함)가 물갈퀴가 달린 채 창조되었다는 이야기는 얼마나 이상한가! 그러나 그 대신에 각각의 종이 개체수를 늘리려고 끊임없이 노력하고, 자연 선택은 언제든지 각 종의 후손을 자연에서 비어 있는 장소에 적응시킬 준비가 되어 있다고 가정해 보자. 이 견해에 따르면, 위에서 말한 딱따구리나 거위는 전혀 이상한 것이 아니다. 심지어 그런 종이 나타나리라고 충분히 예상할 수 있다.

자연 선택은 경쟁을 통해 작용한다. 자연 선택은 각 지역에 서식하는 생물을 주변의 다른 생물과 경쟁하는 데 필요한 만큼만 적응하게 한다. 어느 장소의 동물과 식물(비록 통상적인 견해는 이들이 그 장소를 위해 특별히 창조되었다고 주장하지만)이 다른 곳에서 온 동물과 식물에게 패배해 밀려나더라도 놀랄 이유가 전혀 없다. 원래 그곳에 살던 생물은 새로 그곳에 온 생물과 경쟁해서 이기도록 적응하지 않았기 때문이다.

오직 암컷 꿀벌(생식을 하지 않는 일벌)만이 위협을 받거나 공격을 받았을 때 침을 쏜다. 침을 쏘면 꿀벌의 배가 갈라지면서 독소 냄새가 확 쏟아져 나오는데, 이것은 벌집에 보내는 경고 신호이다. 이런 상황에서 위험 경고는 일벌의 죽음보다 가치가 더 크다.

또한 우리는 자연의 모든 측면이 완벽하지 않더라도, 또는 그중 일부가 우리의 적합도 개념과 들어맞지 않더라도 전혀 놀랄 이유가 없다. 벌침이 벌 자신의 죽음을 초래한다거나, 전나무가 놀라울 정도로 많은 꽃가루를 낭비한다거나, 말벌 유충이 살아 있는 쐐기벌레의 몸속에서 그 살을 먹어 치우며 자란다는 사실에도 놀랄 이유가 없다. 특별한 창조 대신에 자연 선택 이론의 관점에서 바라볼 때, 절대적으로 완벽한 것에 못 미치는 생물들의 사례가 더 많이 관찰되지 않는 것이 오히려 놀랍다.

일부 경이로운 것을 포함한 본능 역시 자연 선택 이론으로 설명할 수 있는데, 작지만 이로운 변화가 연속적으로 선택되는 과정을 통해 형성되었을 것이다. 우리는 자연이 같은 강의 여러 동물에게 다양한 본능을 줄 때, 왜 일련의 단계들을 통해 작용하는지 이해할 수 있다. 만약 같은 속의 모든 종이 같은 부모에게서 유래했다면, 이들은 공통으로 물려받은 것이 많을 것이다. 그렇다면 왜 서로 다른 생활 조건에서 살아가는 근연종들이 거

키위(뉴질랜드 섬나라의 토착종인, 날지 못하는 작은 새는 사람들이 섬에 들여온 고양이와 쥐 같은 외래종 포식 동물에 대항하는 방어 수단이 없어 멸종 위기에 처했다.

의 동일한 본능을 따르는지 이해할 수 있다. 예를 들면, 남아메리카의 개똥지빠귀는 영국의 개똥지빠귀와 마찬가지로 둥지에 진흙을 바른다. 만약 본능이 자연 선택을 통해 서서히 획득되었다면, 일부 본능이 덜 완벽해 보이더라도, 또는 말벌 유충이 쐐기벌레를 먹어 치울 때처럼 많은 동물의 본능이 다른 동물에게 고통을 가하더라도 놀랄 이유가 전혀 없다.

지질학적 기록의 경우, 그것이 매우 불완전하다는 사실을 인정한다면, 그 사실들은 변화를 동반한 대물림 이론을 뒷받침한다. 새로운 종들은 서서히 그리고 각각 다른 시대에 등장했다. 종(그리고 종들의 전체 집단)의 멸종은 생명의 역사에서 중요한 부분을 차지해 왔다.

그러나 자연 선택의 원리에 따르면 멸종은 거의 불가피하다. **낡은 형태는 생존 경쟁에 더 잘 적응한 새로운 형태로 대체된다.** 그리고 멸종으로 세대들의 사슬이 끊어지고 나면, 멸종한 종이나 종들의 집단은 절대로 다시 나타나지 않는다.

지표면의 각 지층에 남은 화석들은 그 위층과 아래층에 있는 화석들 사이의 중간에 해당하는 특징을 보여 준다. 이것은 그 화석이 세대들의 사슬에서 그 조상들과 그 후손들 사이의 중간에 자리 잡고 있기 때문이라는 사실로 설명할 수 있다. 모든 멸종 생물은 살아 있는

지금 일어나고 있는 진화

진화는 많은 세대에 걸쳐 생명 형태에 일어나는 변화이다. 다윈은 자연에서는 이 과정이 너무 느리게 일어나 우리가 볼 수 없다고 생각했다. 그러나 다윈 시대 이후에 과학자들은 진화가 눈앞에서 실제로 일어나는 사례들을 많이 발견했다.

한 사례는 오늘날 보건 분야에 심각한 문제를 제기한다. 특정 질병을 일으키는 세균들이 항생제에 내성이 생기는 쪽으로 진화했다. 결핵을 비롯해 생명을 위협하는 질병의 치료제에 내성을 가진 포도상구균이 세균 유전자의 돌연변이를 통해 생겨났다. 이러한 돌연변이는 세균을 죽이는 항생제의 효과를 견뎌 낼 수 있게 해 준다. 살아남은 세균은 증식하면서 이러한 내성을 세균 집단 사이에 확산시킬 수 있다. 자연 선택이 이런 식으로 작용하여 내성을 가진 세균이 생겨나면, 이 세균에 감염된 사람들은 치명적인 결과를 맞이할 수 있다.

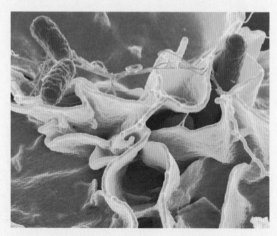

사람의 조직 세포에 침투하는 살모넬라균.

또 다른 사례는 유럽에 사는 작은 새인 블랙캡의 본능에 일어난 변화이다. 블랙캡은 전통적으로 봄에 중앙유럽에서 번식을 한 뒤 에스파냐나 북아프리카로 이동해 겨울을 나는 생활을 해 왔다. 일부 블랙캡은 여름 동안 영국과 아일랜드로 흘러가 살다가 겨울이 되기 전에 남쪽으로 이동했다. 그런데 1960년대에 일부 블랙캡이 영국과 아일랜드에서 겨울을 나는 모습이 목격되었는데, 겨울에도 사람들이 뒤뜰에 놓아둔 새 모이 상자에서 먹이를 쉽게 구할 수 있었기 때문이다.

이런 추세가 계속 이어지다가 2000년대가 되자 중앙유럽의 블랙캡은 뚜렷이 구별되는 두 개체군으로 쪼개졌다. 한 개체군의 젊은 새들은 본능적으로 에스파냐나 북아프리카로 이동했다. 그리고 다른 개체군의 젊은 새들은 본능적으로 영국과 아일랜드로 이동했다. 두 개체군은 아직 서로 다른 종으로 갈라지지는 않았지만, 조만간 그런 일이 일어날지도 모른다.

세 번째 사례는 다윈이 연구한 새, 즉 갈라파고스 제도의 핀치에게 일어난 일이다. 최대 15종의 핀치가 남아메리카에 살던 부모 종에서 유래했다. 한 생물학자 팀이 1970년대부터 갈라파고스 제도의 한 작은 섬에서 핀치를 연구해 왔다. 이들은 단 한 세대 만에 그곳 핀치 개체군의 부리에 일어난 변화를 기록했다.

1977년에 심한 가뭄이 닥쳐 핀치가 먹던 식물이 대부분 죽었고, 그와 함께 핀치도 대부분 죽었다. 그러나 더 두꺼운 부리를 가진 핀치는 가뭄을 견디고 살아남은 질긴 식물을 먹을 수 있었다. 그 결과로 다음 세대부터 이 섬의 핀치 개체군에는 두꺼운 부리를 가진 핀치가 훨씬 많아졌다. 그러다가 1983년이 되자 예년에 비해 훨씬 많은 비가 내렸다. 식물이 아주 잘 자랐는데, 그중에는 씨가 작은 식물도 많이 포함돼 있었다. 그러자 작고 좁은 부리를 가진 핀치가 이 씨를 먹는 데 유리해 많이 번식했다. 그리고 다음 세대부터 작고 좁은 부리를 가진 핀치가 개체군 내에서 크게 불어났다. 비록 두 종류 다 개체군 내에서 계속 살아남았지만, 환경 조건의 변화에 따라 처음에는 한 종류의 부리가 유리해졌다가 다음에는 다른 종류의 부리가 유리해졌다.

다윈이 갈라파고스 제도에서 보낸 시간은 필생의 연구를 완성하는 데 큰 도움이 되었다. 만약 진화 연구가 지금도 그곳에서 계속되고 있다는 사실을 다윈이 안다면, 무척 기뻐할 것이다.

생물과 동일한 계통에 속하는데, 이들 모두는 같은 조상의 후손이기 때문이다. 과거와 현재의 모든 생물은 공통 조상으로부터 유전이나 대물림을 통해 서로 연결되면서 집단 속의 집단으로 이루어진 하나의 거대한 자연 계통을 이루고 있다. 이 자연 계통은 조상부터 후손까지 계보가 연속적으로 이어지면서 배열돼 있다.

일련의 느리고 작은 변화를 동반한 대물림 이론은 생명의 물리적 형태에 대해 많은 것을 설명해 준다. 사람의 손, 박쥐의 날개, 쇠돌고래의 지느러미발, 말의 앞다리는 모두 동일한 뼈들의 틀로 이루어져 있다. 비록 기린의 목뼈가 더 길고 코끼리의 목뼈는 더 두껍지만, 두 종의 목뼈 수는 똑같다. 내 이론을 적용하면, 이것과 그 밖의 수많은 사실들이 저절로 설명된다.

이 이론이 의미하는 것

현재 살아 있는 저명한 박물학자들과 지질학자들은 종이 변해 왔으며, 지금도 천천히 변하고 있다는 견해를 왜 부정했을까? 세계의 역사가 짧다고 생각하던 시절에는 종이 변하지 않는다고 믿을 수밖에 없었다. 그리고 지구의 나이를 어느 정도 알게 된 지금은 지질학적 기록이 완전한 것이라는 생각에 빠지기 쉽다. 그래서 종이 정말로 변했다면, 전이 형태의 화석들이 발견되어야 할 것이라고 생각한다.

그러나 종이 다른 종을 낳는다는 사실을 우리가 인정하길 꺼리는 주요 원인은 그 중간 단계들을 보지 못할 경우 큰 변화가 일어났다는 사실을 쉽사리 인정하려 하지 않는 우리의 성향에 있다.

연구자들은 모든 생명의 조상—다윈의 '원시 형태'—이 해저나 이곳 에티오피아 다나킬 함몰지의 부글거리는 온천처럼 화산 열로 데워진 열수 분출공의 화학적 수프에서 탄생했을 가능성이 있다고 생각한다.

나는 이 책에서 제시한 견해들이 옳다고 완전히 확신한다. 그러나 오랫동안 나와는 정반대의 관점에서 보아 온 사실들로 머릿속이 꽉 차 있는 박물학자들을 설득할 수 있으리라고는 전혀 기대하지 않는다.

실제적인 증명을 전혀 제시하지 못하는 '창조의 계획' 같은 표현 뒤에 우리의 무지를 숨기는 것은 아주 쉽다. 사실을 설명하기보다 설명되지 않은 어려운 문제에 더 큰 비중을 두는 사람들은 내 이론을 거부할 것이다. 유연한 마음을 가지고 있고, 종이 변하지 않는다는 주장에 이미 의심을 품기 시작한 일부 박물학자들은 이 책에 영향을 받을지도 모른다. 그러나 나는 미래에, 그리고 이 문제의 양쪽을 공평하게 바라볼 능력이 있는 젊고 떠오르는 박물학자들에게 기대를 건다.

나는 종의 변화 이론을 어디까지 확대할 수 있을까? 모든 생물은 화학적 조성과 세포의 구조, 성장과 생식의 법칙 등에서 공통점이 많다. 이 때문에 나는 지구에서 살아간 모든 생물이 생명의 숨결이 처음으로 불어넣어진 하나의 원시 형태로부터 유래한 것이 틀림없다고 생각한다.

> 오늘날 과학자들은 알려진 모든 생물의 부모에 해당하는 미지의 유기체를 부를 때 '마지막 보편적 공통 조상'last universal common ancestor(LUCA)'이라는 용어를 사용한다. 그것은 40억 년도 더 전에 살았던 세균처럼 아주 작은 생물일 것이다.

눈앞에 다가온 혁명

이 책의 견해나 종의 기원에 관한 비슷한 견해가 일반적으로 받아들여지면, 박물학에 큰 혁명이 일어날 것이라고 어렴풋이 예견할 수 있다.

우리는 더 이상 생물을 우리의 이해 범위에서 벗어나는 존재로 바라보지 않을 것이다. 우리는 자연의 모든 산물을 나름의 역사를 가진 존재로 바라볼 것이다. 그리고 모든 위대한 기계 장치의 발명을 많은 노동자의 노동과 경험과 이성과 심지어 실수가 합쳐져 일어난 것으로 바라보듯이, 모든 복잡한 구조와 본능을 각각 그 소유자에게 유용하게 작용한 많은 변화가 합쳐져 생겨난 것으로 바라볼 것이다. 각각의 생물을 이런 시각으로 바라본다면, (내 경험에 비추어 말하면) 박물학 연구가 얼마나 훨씬 더 흥미진진해지겠는가!

변이의 원인과 법칙에 관해 웅장하고도 아직까지 아무도 걸어가지 않은 탐구 분야가 열릴 것이다. 동식물 분류는 계보들을 알려 주는 계통도가 될 것이고, 그것은 창조의 계획이라고 부를 만한 것을 알려 줄 것이다. 우리의 자연 계통도에서 수많이 뻗어 나간 대물림의 선들을 발견하고 추적하려면, 우리가 오랫동안 물려받아 온 형질들을 연구해야 한다. '살아 있는 화석'이라고 불리는 종들이 오래된 생명 형태들의 그림을 완성하는 데 도움을 줄 것이다.

우리가 한 종의 모든 개체가, 그리고 속 대부분의 모든 근연종이 단일 부모로부터 유래했고, 한 출생 장소에서 이동했다고 확신한다면, 또 많은 이동 수단에 대해 더 많은 것을 안다면, 전 세계의 생물들이 과거에 이동한 경로를 추적할 수 있을 테고, 과거의 지리학을 더 많이 밝힐 수 있을 것이다.

화석들이 들어 있는 지각은 온갖 수집품이 잘 갖춰진 박물관이 아니라, 드문드문 우연히 만들어진 수집품들로 이루어진 빈약한 컬렉션으로 생각해야 한다. 화석을 포함하고 있는 각각의 거대한 암석층의 생성은 적절한 조건들이 예외적으로 딱 맞아떨어져서 일어난 결과이다. 이 암석층들 사이의 공백에는 그 사이에 흐른 아주 긴 시간이 자리 잡고 있다.

나는 먼 미래에는 훨씬 중요한 연구 분야들이 개척될 것이라고 생각한다. 심리학은 정신 능력이 일련의 단계들을 통해 점진적으로 획득된다는 개념을 기반으로 새로 정립될 것이다. 그리고 인류의 기원과 역사에 빛이 비칠 것이다.

저명한 저자들은 각각의 종이 독립적으로 창조되었다는 견해에 완전히 만족하는 것처럼 보인다. 그러나 나는 개인의 탄생과 죽음과 마찬가지로 종의 창조와 멸종이 자연적 원인으로 일어난다고 생각하는 것이 우리가 아는 물질의 법칙과 훨씬 잘 부합한다고 생각한다. 모든 생물을 특별히 창조된 존재가 아니라, 아주 오래전에 살았던 몇몇 유기체의 후손으로 바라볼 때, 이들은 훨씬 고귀한 존재로 보인다.

과거를 바탕으로 판단할 때, 살아 있는 종 중에서 자신과 닮은 특징을 전혀 변하지 않은 채 먼 미래로 전하는 종은 하나도 없으리라고 생각해도 전혀 이상하지 않다. 그리고 멸종한 종들 중 대부분은 오늘날 살아 있는 후손을 전혀 남기지 않았기 때문에, 오늘날 살아 있는 종 중에서 먼 미래에 비슷한 종류의 후손을 남기는 종은 거의 없으리라고 생각해도 무방할 것이다. 그러나 더 크고 우세한 집단에 속하면서 흔하고 널리 퍼진 종들이 장래에 크게 번성하여 새로운 종을 낳는 종들이 될 것이라고 예견할 수 있다.

많은 종류의 식물로 무성하게 덮여 있고, 덤불에서 새들이 지저귀고, 다양한 곤충이 여기

'살아 있는 화석'은 거의 아무 변화 없이 긴 지질 시대 동안 살아남은 종을 말한다. 살아 있는 화석의 예로는 약 6500만 년 전에 공룡이 멸종할 때 함께 멸종한 것으로 생각했던 물고기인 실러캔스 두 종이 있다. 아주 오래전부터 살아온 또 하나의 종은 메타세쿼이아로, 적어도 1억 년 전부터 살아왔다. 이 나무는 1946년에 중국에서 살아 있는 표본이 발견되기 전까지는 화석으로만 알려져 있었다.

저기 날아다니고, 벌레들이 축축한 흙 속을 기어 다니는, 복잡하게 뒤얽힌 강기슭을 바라보면 무척 흥미롭다.

　서로 아주 다르고 아주 복잡한 방식으로 서로 의존해 살아가는 이 정교한 형태들은 모두 우리 주위에 작용하는 법칙들에 따라 만들어졌다. 이 법칙들은 생식과 유전, 변이성, 생존 경쟁, 자연 선택으로, 형태의 변화와 일부 형태의 멸종을 낳는다. 자연의 전쟁으로부터, 기근과 죽음으로부터 새롭고 개선된 형태의 생명이 탄생한다.

　맨 처음에 몇몇 형태 또는 하나의 형태에 생명의 숨결이 불어넣어졌다는, 생명에 대한 이 견해는 실로 장엄하다. 이 행성이 불변의 중력 법칙에 따라 순환하는 동안 그토록 단순한 시작으로부터 가장 아름답고 가장 경이로운 형태들이 끝없이 진화했고, 지금도 진화하고 있다.

"많은 종류의 식물로 무성하게 덮여 있고…… 복잡하게 뒤얽힌 강기슭."

감사하는 말

내가 『종의 기원』을 처음 읽은 것은 스물세 살 때였다. 세월이 한참 지난 뒤, 청소년 독자를 위해 『종의 기원』을 쉽게 풀어쓰면 어떨까 하는 생각이 떠올랐다. 이 생각을 기획안으로 만들도록 권하고, 또 그 기획안을 책으로 탄생하게 도와준 내 에이전트 릭 밸킨에게 깊은 감사를 드린다. 사려 깊은 질문과 훌륭한 제안과 함께 원고를 여러 차례 읽어 준 애서눔 출판사 청소년 부문 편집부의 에마 레드베터와 줄리아 매카시에게 큰 감사를 드린다. 몬태나 대학교의 생명과학과 박사 후 연구원 웬페이 통과 예리한 눈을 가진 교열 담당자 앨리슨 벨리아에게도 감사드린다. 도움을 준 이들 모두가 이 책을 더 좋게 만드는 데 크게 기여했다. 그래도 불완전한 점이 남아 있다면 오롯이 내 책임이다. 게다가 나는 편집 주간 지니 응, 아트 디렉터 소니아 차가츠바니안, 디자이너 이렌 메탁사토스에게 도움을 받는 행운까지 누렸다. 화려한 표지와 일러스트레이션을 제공한 티건 화이트에게도 큰 감사를 표시하고 싶다. 내 동반자인 재커리 에드먼슨은 내가 이 일에 매달리는 동안 늘 명랑하고 열정적인 태도를 보여 주었다. 마지막으로 과학사에서 기념비적인 작품일 뿐만 아니라, 많은 세월이 지난 뒤에도 변함없이 관심을 끌고, 훌륭한 지식을 제공하고, 이의를 제기하고, 즐거움을 선사하는 작품인 『종의 기원』을 쓴 찰스 다윈에게 감사를 표하고 싶다.

용어 설명

여기서 소개한 용어들은 대부분 다윈이 사용한 용어들이다. 그러나 '유전학'처럼 다윈의 시대 이후에 과학계에서 사용된 현대적인 용어도 일부 있다.

가축화 인간의 필요에 따라 야생 동물을 집짐승으로 길들이는 것.

개체군 같은 시기에 같은 지역에 살고 있는 생물 개체들의 집단.

고생대 지질 시대의 구분에서 원생대와 중생대 사이의 시기. 약 5억 4200만 년 전부터 2억 5000만 년 전까지의 시기에 해당한다.

고생물학 주로 화석을 통하여 고생물을 연구하는 학문.

고유종 다른 곳에는 살지 않고 어느 한 지역에만 사는 생물 종.

동물학 동물의 분류, 형태, 발생, 생태, 유전, 진화 따위를 연구하는 학문.

메가테리움 남아메리카에서 살다가 멸종한 땅늘보.

문門 생물 분류의 한 단위. 계界와 강綱 사이에 위치한다.

박물학 암석과 광물, 생물, 그리고 심지어 날씨와 기후, 지리학까지 포함해 자연계 전체를 연구하는 분야.

박물학자 박물학을 전문적으로 연구하는 학자.

배胚 태어나기 전의 발생 초기 단계에 있는 어린 생물.

백색증 유전적으로 동물의 피부나 털, 눈 따위에 색소가 모자라는 현상. 그 결과로 피부와 털은 흰색을 띠고, 눈은 옅은 분홍색을 띤다.

변이 같은 종에서 표준적인 것과 다른 특징이 나타나는 현상.

변이성 변이, 즉 같은 종의 표준적인 것과는 다른 특징이 나타나는 성질.

변종 같은 종이면서 그 종의 표준적인 특징과 차이가 나지만 아종으로 분류할 정도로 차이가 크지는 않은 개체들의 집단. 다윈은 가끔 '아종'이라는 뜻으로 '변종'이라는 용어를 사용했지만, 어떤 곳에서는 변종을 '아종으로 향해 가는 중간 단계'라고 보았다.

본능 동물이 학습하거나 경험하지 않고도 태어나면서부터 할 줄 아는 선천적 행동.

불임 생식을 통해 자손을 낳을 능력이 없는 상태.

상동相同 생물의 기관이 겉으로는 다르나 기본 구조와 발생의 기원이 같은 것.

생식 능력 자손을 낳을 수 있는 능력.

생태계 어느 환경 안에서 살아가는 생물들과 생물 상호 간의 관계, 생물과 환경 사이의 관계를 모두 포함한 체계.

생태적 지위 개개의 생물 종이 주어진 생태계에서 차지하는 위치 또는 역할.

서식지 생물이 자리를 잡고 사는 일정한 범위 내의 장소.

성 선택 짝짓기와 관련된 자연 선택의 한 종류. 수컷 공작의 꽁지깃처럼 배우자를 유혹하는 데 도움이 되거나 수컷 말코손바닥사슴의 뿔처럼 배우자를 놓고 경쟁하는 데 도움이 되는 특징을 낳는다.

세대 유전의 사슬을 잇는 연결 단위. 보통 한 생물이 태어나서 죽을 때까지의 기간을 가리킨다.

속屬 생물 분류의 한 단위. 과科와 종種 사이에 있다.

식물학자 식물을 연구하는 과학자.

신생대 약 6500만 년 전부터 현재까지의 지질 시대.

아종亞種 생물 분류 단계의 하나. 종種의 아래 단계이고 변종變種의 위 단계. 종으로 독립할 만큼 차이가 크지는 않지만, 변종으로 분류하기에는 다른 점이 많은 생물 집단을 말한다.

유기체 생물처럼 물질이 유기적으로 구성되어 생활 기능을 가지게 된 조직체.

유대류 포유류의 한 종류로, 완전히 발달하지 않은 상태로 태어난 새끼를 한동안 주머니에 넣고 기르는 동물.

유전체 한 종이 지닌 한 벌의 유전 물질 전체를 가리키는 용어. 게놈genome이라고도 한다.

유전학 세포 속에 들어 있는 DNA로 이루어진 유전자와 유전자가 각종 형질을 자손에게 전하는 과정을 연구하는 학문.

인위 선택 사람이 의도적으로 새로운 동식물 변종이나 품종을 만들어 내는 과정. 원하는 형질을 지닌 개체들을 가려서 교배시킴으로써 그 형질을 강화시킨다.

자연 선택 생물이 살아남아 번식하는 데 도움이 되는 변이가 후손에게 전달되는 과정. 시간이 지나면 유리한 변이는 개체군 전체로 퍼져 나가 원래 종의 형태를 변화시킨다. 한편, 불리한 변이는 제거되는 경향이 있는데, 생물이 살아남고 번식하여 자신의 유전자를 후손에게 물려주는 데 도움이 되지 않기 때문이다.

자연의 경제 다윈 시대에 생물의 희귀성과 풍부성, 멸종, 변이에 영향을 미치는 사실과 힘 또는 어느 지역에 사는 모든 생물의 상호 관계(이런 의미로는 오늘날의 '생태계'와 비슷한 개념)를 가리키는 데 사용하던 용어.

잡종 서로 다른 종이나 계통 사이의 교배를 통해 생겨난 자손.

적응 생물이 주위 환경의 변화에 적합하도록 변하는 것.

절지동물 절지동물문의 동물. 척추가 없는 대신에 딱딱한 외골격이 있고, 다리에는 마디마다 관절이 있는 동물들의 문. 곤충, 거미, 게 등이 절지동물에 속한다.

조류학자 조류, 즉 새를 연구하는 학자.

종 생물 분류의 기초 단위. 모든 개체가 교배를 통해 생식 능력이 있는 자손을 낳을 수 있는 생물 집단을 가리킨다. 다윈은 '종'을 다소 느슨하게 정의했는데, 변종에서 속까지 뻗어 있는 여러 범주의 하나로 보았으며, 종 간의 장벽은 다소 유동적이라고 주장했다.

중생대 지질 시대의 구분에서 고생대와 신생대 사이의 시기. 약 2억 5000만 년 전부터 6500만 년 전까지의 시기에 해당한다.

지층 자갈, 모래, 진흙, 화산재 등의 물질이 강이나 바다 밑 또는 지표면에서 퇴적하여 이루어진 층.

진화 생물이 시간이 지나면서 점차 변화하는 과정. 자연 선택과 그 밖의 힘에 의해 종이 변함에 따라 새로운 종이 나타나기도 하고 기존의 종이 멸종하기도 한다. 다윈 시대에도 '진화evolution'라는 단어가 있었지만, 『종의 기원』에서는 '변화를 동반한 대물림'이라는 용어를 사용했다.

토착종 특정 지역에만 서식하는 생물의 종. 사람이 다른 곳에서 들여와 그곳에 자리를 잡은 종은 토착종이라 하지 않는다.

퇴적물 암석 파편이나 모래, 흙, 먼지 등이 물, 빙하, 바람, 중력의 작용으로 운반되어 땅 표면에 쌓인 물질. 이것이 굳어져 퇴적암이 된다.

퇴적암 퇴적물이 큰 압력을 받아 굳어서 생긴 암석.

형질 유전을 통해 후손에게 전달될 수 있는 생물의 특징. 신체적 특징, 유전자 서열, 특정 행동 양식 등이 있다.

형태학 생물의 형태, 구조, 발생 따위를 연구하는 학문.

화석 먼 옛날에 살았던 동식물의 시체나 흔적이 광물질로 변해 퇴적암 등의 암석 속에 남은 것.

더 읽어 볼 만한 문헌과 자료

도서

Heiligman, Deborah. *Charles and Emma: The Darwins' Leap of Faith*. New York: Henry Holt, 2009. 찰스 다윈의 결혼과 그의 과학적 업적이 서로 어떻게 영향을 미쳤는지 들려준다.

Johnson, Sylvia. *Shaking the Foundation: Charles Darwin and the Theory of Evolution*. Minneapolis, MN: Twenty-First Century Books, 2013. 청소년을 위한 책으로, 다윈의 업적을 19세기 과학적 사고의 맥락 속에서 평가하고, 오늘날까지 이어지는 궁금증과 비판, 그리고 논쟁 등을 살펴본다.

Meyer, Carolyn. *The True Adventures of Charley Darwin*. Orlando, FL: HMH Books for Young Readers, 2009. 다윈의 관점에서 바라본 소설 형식의 책으로, 청소년들에게 다윈의 어린 시절과 비글호 여행에 초점을 맞춰 들려준다.

Pringle, Laurence. *Billions of Years, Amazing Changes: The Story of Evolution*. Illustrated by Steve Jenkins. Honesdale, PA: Boyds Mill Press, 2011. 어린 독자들을 위해 쓴 이 책은 다윈 이전 시대부터 다윈의 혁명적 이론, 그리고 현대 진화론자들의 발견에 이르기까지 진화론이 어떻게 발전해 왔는지 들려준다.

웹

진화 이해하기(Understanding Evolution)

http://evolution.berkeley.edu/evolibrary/article/evo_01

버클리 캘리포니아 대학교에서 제공하는 사이트로, 다양한 그래픽을 사용하고 대화 형식으로 진화를 설명해 준다. 자연 선택, 돌연변이, 종 형성, 유전학 등과 같은 개념을 중심으로 독자에게 진화의 기초를 들려준다.

진화 학습하기: 학생들을 위한 온라인 강의(Learning Evolution: Online Lessons for Students)

http://pbs.org/wgbh/evolution/educators/lessons/index.html

PBS에서 제공하는 진화에 관한 7가지 온라인 강의 사이트로, 여러 훌륭한 웹사이트의 자료를 바탕으로 학교에서 사용할 수 있도록 만들었다. 다윈의 삶, 진화의 증거, 진화를 둘러싼 논쟁, 진화를 이해하는 것이 의료와 다른 분야에 어떻게 도움이 되는지 등과 같은 주제를 다룬다.

기초 유전한 둘러보기(Tour of Basic Genetics)

http://learn.genetics.utah.edu/content/basics

유타 대학교에서 제공하는 대화 형식의 사이트로, 일러스트, 사례, 쉬운 용어 등을 사용해 유전, 유적학, DNA 같은 기초적 주제(이런 주제들은 다윈이 살았던 때까지는 대부분 알려지지 않았으나 지금은 진화 과학의 한 부분인 주제)를 설명한다.

사진과 그림 출처

8쪽(딱정벌레), 19쪽(장미), 22쪽(양), 28쪽(비둘기), 32쪽(과수원), 40쪽(달팽이), 78쪽(얼룩말), 82쪽(오나거), 105쪽 (벌): *Animals: 1419 Copyright-Free Illustrations of Mammals, Birds, Fish, Insects, Etc.* New York: Dover Publications, Inc., 1979.

118쪽(분꽃): *Early Floral Engravings: All 100 Plates from the 1612 "Florilegium"* by Emanuael Sweerts. New York: Dover Publications, Inc., 1976.

따로 표시가 없는 경우나 배경으로 쓰인 모든 일러스트레이션: copyright ⓒ by Teagan White

6쪽: George Richmond, 1830s, public domain

7쪽: Orange-spotted fruit chafer ⓒ 2018 by Teagan White

9쪽: Freshwater and Marine Image Bank, University of Washington

10쪽: MichaelMaggs/Wikimedia Commons, CC-BY-SA 3.0

11쪽: Scewing/Wikimedia Commons, public domain

13쪽: Allie Caulfield/Wikimedia Commons, CC-SA 3.0

14쪽: Wikiklaas/Wikimedia Commons, public domain

17쪽: Borderland magazine, 1896, public domain

19쪽: Hornet magazine, 1871, public domain(위)

20~21쪽: Shutterstock/gillmar

21쪽: Dahlia ⓒ 2018 Teagan White

23쪽: Ragesoss/Wikimedia Commons, CC-SA 3.0

24쪽: Metropolitan Museum of Art, Rogers Fund and Edward S. Harkness Gift, 1920

25쪽: Hkandy/Wikimedia Commons, CC-SA 3.0

26쪽: iStock.com/cynoclub(위); Shutterstock/zstock(아래)

27쪽: iStock.com/nomis_g

29쪽: Yale Center for British Art, Paul Mellon Collection

31쪽: Brockhaus and Efron Encyclopedic Dictionary, 1890~1907, public domain

33쪽: Argyle/Wikimedia Commons, public domain

34~35쪽: iStock.com/uSchools

35쪽: Brown-lipped banded snail ⓒ 2018 Teagan White

37쪽: iStock.com/WMarissen

38~39쪽: iStock.com/Stanislav Beloglazov

41쪽: Keith Weller, USDA, public domain

42쪽: iStock.com/Mshake

43쪽: Naturalis Biodiversity Center/Wikimedia Commons, public domain

44~45쪽: iStock.com/Zwilling330

45쪽: Scots pine ⓒ 2018 Teagan White

47쪽: moodboard/Alamy Stock Photo

49쪽: Snow Leopard Trust/Snow Leopard Conservation Foundation Mongolia

51쪽: Yuliya Heikens/Dreamstime

52쪽: iStock.com/sbossert

53쪽: iStock.com/Firmafotografen

54쪽: iStock.com/geographica

55쪽: Greg Hume/Wikimedia Commons, CC-SA 3.0

56~57쪽: iStock.com/Daniel Prudek

57쪽: Rock ptarmigan ⓒ 2018 Teagan White

58쪽: New York Public Library Digital Collections

59쪽: iStock.com/Henrik_L

60쪽: iStock.com/Ken Canning

61쪽: iStock.com/MiQ1969

63쪽: National Park Service photo by Phil Varela

65쪽: Ealdgyth/Wikimedia Commons, CC-SA 3.0(위); iStock.com/georgeclerk(아래)

66쪽: Terry Allen/Alamy Stock Photo

67쪽: John Phelan/Wikimedia Commons, CCA 3.0

68쪽: Charles Darwin, On the Origin of Species, public domain

70~71쪽: iStock.com/pum_eva

71쪽: Blind cave crab ⓒ 2018 Teagan White

72쪽: Olaf Oliviero Riemer/Wikimedia Commons, CC-SA 3.0

73쪽: Kenneth Catania, Vanderbilt University/Wikimedia Commons, CC-SA 3.0

74쪽: iStock.com/Jason Ondreicka

75쪽: Carol M. Highsmith Archive, Library of Congress

76쪽: iStock.com/ttsz

77쪽: iStock.com/traveler1116

79쪽: Frederick York, 1869, public domain

80~81쪽: Gideon Pisanty(Gidip)/Wikimedia Commons, CCA 3.0

84~85쪽: Wellcome Trust, CC−BY 4.0

85쪽: Eurasian red squirrel ⓒ 2018 Teagan White

87쪽: US Geological Survey, public domain

88쪽: New York Public Library Digital Collections

90쪽: iStock.com/shabeerthurakkal

91쪽: raybrownwildlifephotography.com

92쪽: Adam Kumiszcza/Wikimedia Commons, CC−SA 3.0

94쪽: New York Public Library Digital Collections

95쪽: Roy L. Caldwell, University of California, Berkeley/Wikimedia Commons

98~99쪽: iStock.com/MyImages_Micha

99쪽: Honeybee ⓒ 2018 Teagan White

100쪽: New York Public Library Digital Collections

102쪽: iStock.com/Maurizio Bonora

104쪽: Waugsberg/Wikimedia Commons, CC−SA 3.0

105쪽: Alissa Hartman and Kathleen George

107쪽: Vasiliy Vishnevskiy/Alamy Stock Photo

108~109쪽: 500px/Alamy Stock Photo

109쪽: Domestic canary ⓒ 2018 Teagan White

111쪽: New York Public Library Digital Collections

112~113쪽: Mech LD, Christensen BW, Asa CS, Callahan M, Young JK(2014) "Production of Hybrids between Western Gray Wolves and Western Coyotes." PLoS ONE 9(2): e88861

114쪽: iStock.com/chapin31

115쪽: iStock.com/travelua

117쪽: iStock.com/wrangel

120~121쪽: Ian Wright/Wikimedia Commons, CC−SA 2.0

121쪽: Archaeopteryx ⓒ 2018 Teagan White

123쪽: iStock.com/Grafissimo

124쪽: Iakov Filiminov/Dreamstime

125쪽: New York Public Library Digital Collections

126~127쪽: Shutterstock/Matauw

128~129쪽: Shutterstock/alinabel

130쪽: iStock.com/Wlad74

131쪽: Mark A. Wilson, Department of Geology, College of Wooster

132쪽: iStock.com/tacojim

134~135쪽: iStock.com/azgraphic

135쪽: Giant Pacific octopus ⓒ 2018 Teagan White

136쪽: Philip Henry Delamotte, 1853, public domain

138~139쪽: Andreus/Dreamstime

140쪽: Eugene Sergeev/Alamy Stock Photo

141쪽: Paul Carrara, US Geological Survey, public domain

143쪽: iStock.com/Joesboy

144쪽: New York Public Library Digital Collections

146~147쪽: iStock.com/alacatr

147쪽: Little brown bat ⓒ 2018 Teagan White

148쪽: SRTM Team NASA/JPL/NIMA

149쪽: iStock.com/mkf(왼쪽); iStock.com/CraigRJD(가운데); iStock.com/Uwe−Bergwitz(오른쪽)

151쪽: iStock.com/y−studio

152쪽: Lars Karlsson(Keqs)/Wikimedia Commons, CC−SA 2.5

153쪽: iStock.com/THEPALMER

154쪽: C/Z HARRIS Ltd.

156쪽: Loewe, Fritz; Georgi, Johannes; Sorge, Ernst; and Wegener, Alfred Lothar, public domain

157쪽: Shutterstock/designua

158쪽: IMAGEBROKER/Alamy Stock Photo

160쪽: Craig Hallewell/Alamy Stock Photo

161쪽: John Gould, "Voyage of the Beagle," public domain

162쪽: David Adam Kess/Wikimedia Commons, CCA−SA 4.0

163쪽: Alfred Russel Wallace, public domain

164~165쪽: Francis C. Franklin/Wikimedia Commons, CC−SA 3.0

찾아보기

존 콜리어(John Collier, 1850~1934)가 그린 찰스 다윈의 초상화(출처: 위키피디아).

원작자

찰스 로버트 다윈(Charles Robert Darwin, 1809~1882)

영국의 박물학자, 생물학자, 지질학자이다. 자연 선택을 통한 생물의 진화를 주장한 『종의 기원』(1859)을 통해 생물학이나 다른 학문뿐만 아니라 인류 역사에 가장 큰 영향을 미친 사람 중 한 사람으로 손꼽힌다.

다시 쓴 이

레베카 스테포프(Rebecca Stefoff)

대학 시절에 첫 책을 출판한 뒤, 과학과 역사를 주제로 어린이와 청소년을 위한 논픽션 작품을 많이 썼다. 그의 작품들에서는 유령, 로봇, 세균, 진화, 여성 선구자, 그레이트 짐바브웨의 유적, 범죄 수사에 쓰이는 법의학 같은 다양한 주제를 접할 수 있다. 오리건주 포틀랜드에 살고 있다. 홈페이지 *RebeccaStefoff.com*

옮긴이

이충호

서울대학교 사범대학 화학과를 졸업하고, 현재 과학 전문 번역가로 활동하고 있다. 『신은 왜 우리 곁을 떠나지 않았는가』로 2001년 제20회 한국과학기술도서 번역상을 받았다. 옮긴 책으로 『진화심리학』, 『사라진 스푼』, 『이야기 파라독스』, 『화학이 화끈화끈』, 『59초』, 『내 안의 유인원』, 『많아지면 달라진다』, 『루시퍼 이펙트』, 『경영의 모험』, 『우주의 비밀』, 『미적분의 힘』, 『루시—최초의 인류』, 『처음 읽는 양자물리학』, 『처음 읽는 상대성 이론』, 『처음 읽는 코스모스』, 『공포의 먼지 폭풍』, 『흙보다 더 오래된 지구』 등이 있다.

10대를 위한 종의 기원

1판 1쇄 인쇄 2023년 9월 5일
1판 2쇄 발행 2024년 4월 15일

원작자 찰스 로버트 다윈   다시 쓴 이 레베카 스테포프   옮긴이 이충호
펴낸이 조추자   펴낸곳 두레   등록 1978년 8월 17일 제1-101호
주소 (04075)서울시 마포구 독막로 100 세방글로벌시티 603호
전화 02)702-2119(영업), 703-8781(편집), 02)715-9420(팩스)
이메일 dourei@chol.com   블로그 blog.naver.com/dourei   인스타그램 instagram.com/dourei_pub

• 책값은 뒤표지에 적혀 있습니다. 잘못 만들어진 책은 구입하신 곳에서 바꾸어 드립니다.

ISBN 978-89-7443-159-4   43400